Cyclotomic Polynomial

그림으로 이해하는

원분다항식

이기석 · 신정은 · 이지은 지음

KYOWOO

쉽고 재미있는 원분다항식을 위해

저자는 교육의 메카인 한국교원대학교에서 교수로 근무하던 중, 2014년도 안식년 교수로 선정되었다. 마침 이 시기에 국립국제교육원에서 아프리카로 수학, 과학 교사를 파견하는 프로그램이 있는 것을 발견하고 흔쾌히 참가하게 되었다.

2013년 12월부터 2014년 11월까지 아프리카 남아공 안쪽에 위치한 작은 왕국 스와질랜드에서 1년간 고등학교 학생들에게 수학을 가르쳤다. 현재 스와질랜드는 에스와티니로 국가 이름을 바꾸었다. 내가 근무했던 학교는 수도인 움바바네 근방의 엘랑게니 고등학교이다. 처음 가보게 된 아프리카 대륙은 인종과 문화가 너무 달라서 신기하기도 하면서 무서운 마음도 들었다. 함께 파견 나갔던 동료 교사 중 한 팀은 무장 강도에게 협박을 당해 현금, 핸드폰, 아이패드, 노트북을 빼앗겼던 아찔한 일도 있었다. 그러나 차츰 시간이 지나면서 현지 교민과 선교사들로부터 많은 도움을 받으며 정서적으로 안정되고 스와질랜드에서의 삶에 적응되었다.

스와질랜드의 고등학교는 3학기 시스템이다. 그런데 방학 기간, 시험 기간 등 수업이 없는 날이 많고 수업시수 자체도 적어서 1~2개월이 지나며 적응을 하다보니 매우 한가하고 지루해졌다. 현지 언어는 모르지만 다행히 학교에서는 공식적으로 영어를 사용하기 때문에 큰 문제가 없었다. 이곳의 고등학교 학생들의 수학 실력은 대체적으로 매우 낮았다. 특히 구구단을 사용하지 않고, 곱셈 연산은 덧셈을 계속해서 하는 방법으로 해결한다. 구구단을 암기하도록 독려해 보았는데 내가 떠난 뒤에도 구구단을 암기할지는 모르겠다.

점점 한가한 시간이 늘어나서 심심풀이로 원분다항식을 계산해 보면서 지냈다. 하루는 자연수 $n=9$인 경우, 원분다항식을 약간 변형시켜 $b_1=\alpha^1+\alpha^8$, $b_2=\alpha^2+\alpha^7$, $b_3=\alpha^4+\alpha^5$ 를 이용하여, $P(x)=(x-b_1)(x-b_2)(x-b_3)$를 계산해 보니까 신통하게 $P(x)$의 모든 계수가 정수가 나왔다. 여기서 $\alpha=e^{\frac{2\pi}{9}i}$이다.

그리고 $n=7$, $n=5$ 등등, 간단한 자연수 n에 대하여 비슷한 계산을 해보니, 항상 정수 계수 다항식이 나오는 것을 확인하였다. 그 이유에 대하여 생각을 하다가, 다음과 같은 것을 알게 되었다.

곱셈군 $\mathbb{Z}_n^*$의 부분군 H를 이용하면, 원분다항식 $\Phi_n(x)$를 일반화한 $J_{n,H}(x)$는 정수계수 다항식임을 증명할 수 있다. 실제로 $H=\{1\}$인 경우, $J_{n,H}(x)$는 $\Phi_n(x)$와 일치한다. 또한, 원분다항식 $\Phi_n(x)$는 항상 (유리수체 위에서) 기약다항식이다. 그러나 $J_{n,H}(x)$는 H에 따라서 기약다항식이 되기도 하고 기약다항식이 아닌, x^ℓ 형태가 되기도 한다.

그래서 $J_{n,H}(x)$가 기약다항식이 되는 조건을 찾으려고 오랜 기간 고민을 했다. 몇 년 후에 대학원생의 도움으로 Evans의 논문, Diamond의 논문에서 중요한 관련 정리를 찾았다. 그런데 Evans, Diamond의 증명은 매우 일반화된 상황에서의 너무 복잡한 증명과정이어서 쉽게 따라가기가 어려웠다. 아무래도 좀 더 간단한 증명 방법이 있을 것 같았다.

2021년 2학기(2021년 9월~2022년 2월)의 안식년 기간 중 미국 위스콘신 주립대학교의 권미연 교수에게 이 문제를 이야기했는데, 얼마 후에 권미연 교수는 선형독립을 이용하여 아주 깔끔하게 $J_{n,H}(x)$의 기약성에 관한 증명을 하였다. 이 책자는 권미연 교수의 논문을 이용하여 만들어진, 특히 한국교원대학교 교육대학원 학생(현직교사)을 위한 강의용 교재이다.

또한 수학을 사랑하고, 수학을 연구하고자 하는 대학생들과 뛰어난 중·고등학생들이 그림을 통해 쉽게 이해하고 함께 배우며 성장할 수 있게 도움을 주고 싶다.

초창기 Evans와 Diamond의 논문을 함께 연구해준 양성모, 이지은, 임상아, 차애경 선생님께 감사의 인사를 전한다. 또한 관련 정리에 대한 아름다운 증명 방법을 발견하기 위해 애써준 권미연, 신기철 교수에게 이 영광을 돌린다. 마지막으로 이러한 자료를 모으고 정리, 편집하여 교재로 발간되도록 함께 땀 흘린 신정은, 이지은 선생님과 기쁨을 나눈다.

정년퇴임을 앞두고 새로운 출발을 기대하며

이 기 석

· 차례 ·

· 차례 ·

Chapter 4

부록

서론

복소수체 $\mathbb{C}$ 위에서는 1차 다항식만이 기약다항식이다. 그리고 실수체 $\mathbb{R}$ 위에서는 1차 다항식 또는 판별식 D가 음수인 2차 다항식이 기약다항식이다. 즉, ax^2+bx+c일 때 $D=b^2-4ac$가 음수인 조건을 갖는 다항식이 기약다항식이다.

그런데 유리수체 $\mathbb{Q}$ 위에서 기약다항식은 간단하게 정리되지 않는다. 몇몇 특수한 경우에 각각의 기약다항식을 확인하는 방법이 알려져 있을 뿐이다. 예를 들어, 아이젠슈타인의 규준(Eisenstein's criterion)을 만족시키면 유리수체 위에서 기약다항식이 된다는 것이 알려져 있다.

원분다항식 $\Phi_n(x)$는 1의 원시 n제곱근을 이용하여 만들어지는 다항식이며, 유리수체 위에서 기약다항식이다. 따라서 원분다항식은 유리수체 위에서의 기약다항식을 얻는 좋은 수단이 된다. 그리고 원분다항식을 일반화하면 더 많은 기약다항식을 얻을 수 있다.

이 책의 목적은 곱셈군 $\mathbb{Z}_n^*$의 부분군 H를 이용하여 일반화된 원분다항식 $J_{n,H}(x)$를 찾는 방법을 설명하고, $J_{n,H}(x)$의 기약성을 연구하는 데 있다.

$n=8$인 경우를 계산해보면 다음과 같다.

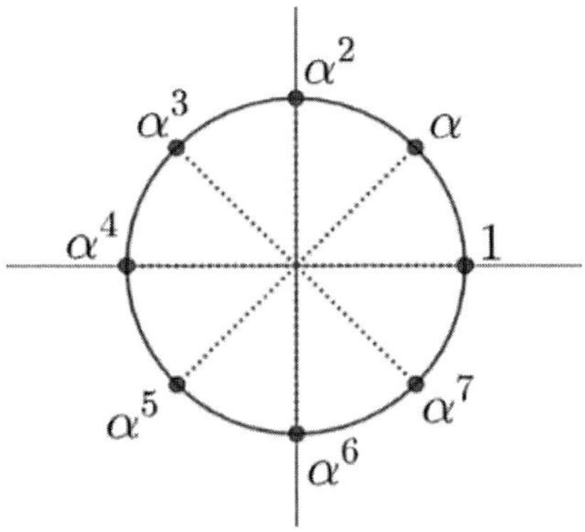

$\alpha = e^{\frac{2\pi}{8}i}$

$S=\{1, \alpha, \alpha^2, \alpha^3, \alpha^4, \alpha^5, \alpha^6, \alpha^7\}$: 1의 8제곱근

$P=\{\alpha, \alpha^3, \alpha^5, \alpha^7\}$: 1의 원시 8제곱근

$\mathbb{Z}_8^* = \{1, 3, 5, 7\}$

곱셈군 $\mathbb{Z}_8^*$는 5개의 부분군을 갖는다. 우리는 각각의 부분군에 대하여 $J_{n,H}(x)$를 다음과 같이 계산할 수 있다.

① $H_1 = \{1\}$ $J_{8,H_1}(x) = x^4+1$ (기약 ○)

② $H_2 = \{1, 7\}$ $J_{8,H_2}(x) = x^2-2$ (기약 ○)

③ $H_3 = \{1, 3\}$ $J_{8, H_3}(x) = x^2 + 2$ (기약 ○)

④ $H_4 = \{1, 5\}$ $J_{8, H_4}(x) = x^2$ (기약 ×)

⑤ $H_5 = \{1, 3, 5, 7\}$ $J_{8, H_5}(x) = x$ (기약 ○)

위 5가지 경우 중에서, 4개는 기약다항식이고 1개는 기약다항식이 아니다.

$n=9$인 경우를 계산해보면 다음과 같다.

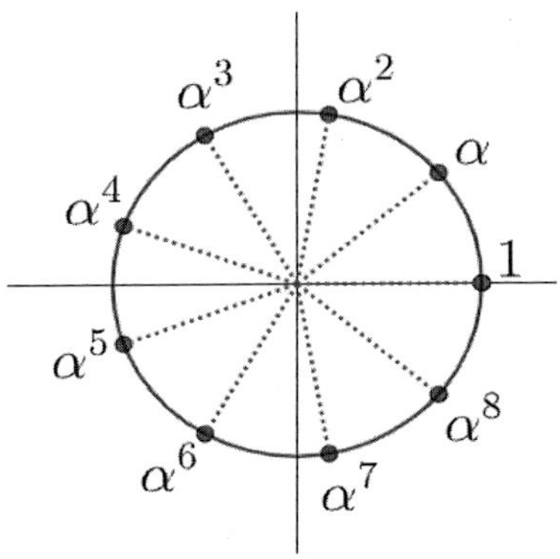

$\alpha = e^{\frac{2\pi}{9}i}$

$S = \{1, \alpha, \alpha^2, \alpha^3, \alpha^4, \alpha^5, \alpha^6, \alpha^7, \alpha^8\}$: 1의 9제곱근

$P = \{\alpha, \alpha^2, \alpha^4, \alpha^5, \alpha^7, \alpha^8\}$: 1의 원시 9제곱근

$\mathbb{Z}_9^* = \{1, 2, 4, 5, 7, 8\}$

곱셈군 $\mathbb{Z}_9^*$는 4개의 부분군을 갖는다. 우리는 각각의 부분군에 대하여 $J_{n,H}(x)$를 다음과 같이 계산할 수 있다.

① $H_1 = \{1\}$ $\quad J_{9, H_1}(x) = x^6 + x^3 + 1$ $\quad$ (기약 ○)

② $H_2 = \{1, 8\}$ $\quad J_{9, H_2}(x) = x^3 - 3x + 1$ $\quad$ (기약 ○)

③ $H_3 = \{1, 4, 7\}$ $\quad J_{9, H_3}(x) = x^2$ $\quad$ (기약 ×)

④ $H_4 = \{1, 2, 4, 5, 7, 8\}$ $\quad J_{9, H_4}(x) = x$ $\quad$ (기약 ○)

위 4가지 경우 중에서, 3개는 기약다항식이고 1개는 기약다항식이 아니다.

$n=8$, $n=9$인 경우에 $J_{n,H}(x)$는 기약인 경우도 있고 기약이 아닌 경우도 있다.

그러나 $n=7$인 경우를 살펴보면 $J_{n,H}(x)$는 항상 기약다항식이다. 일반적으로 n을 소인수분해 했을 때, 중복인수가 없으면 $J_{n,H}(x)$는 항상 기약다항식이 된다.

$n=7$인 경우를 계산해보면 다음과 같다.

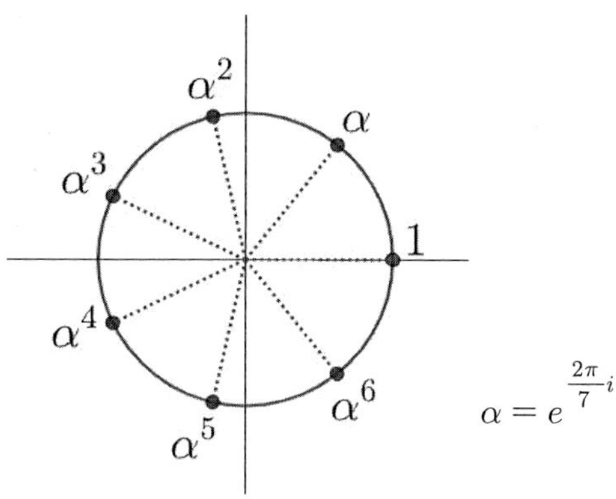

$S=\{1, \alpha, \alpha^2, \alpha^3, \alpha^4, \alpha^5, \alpha^6\}$: 1의 7제곱근

$P=\{\alpha, \alpha^2, \alpha^3, \alpha^4, \alpha^5, \alpha^6\}$: 1의 원시 7제곱근

$\mathbb{Z}_7^* = \{1, 2, 3, 4, 5, 6\}$

곱셈군 $\mathbb{Z}_7^*$는 4개의 부분군을 갖는다. 우리는 각각의 부분군에 대하여 $J_{n,H}(x)$를 다음과 같이 계산할 수 있다.

① $H_1 = \{1\}$ $J_{7,H_1}(x) = x^6 + x^5 + x^4 + x^3 + x^2 + x + 1$(기약 ○)

② $H_2 = \{1, 6\}$ $J_{7,H_2}(x) = x^3 + x^2 - 2x - 1$ (기약 ○)

③ $H_3 = \{1, 2, 4\}$ $J_{7,H_3}(x) = x^2 + x + 1$ (기약 ○)

④ $H_4 = \{1, 2, 3, 4, 5, 6\}$ $J_{7,H_4}(x) = x + 1$ (기약 ○)

Chapter 1.

1.1 복소수 표현 방법

복소수는 두 가지 방법으로 쓸 수 있다.

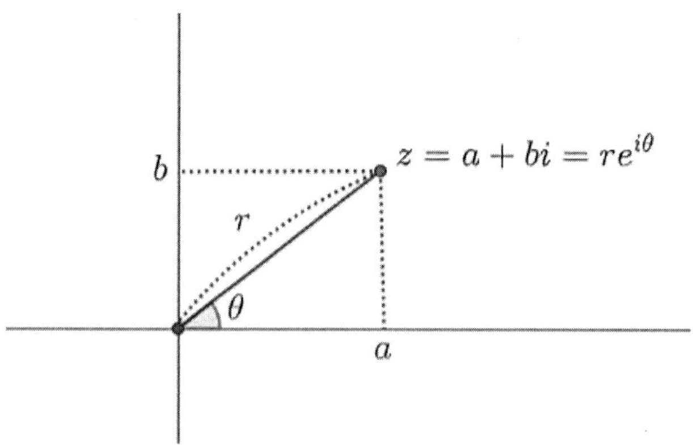

복소평면 위의 점 z에 대해 로 실수부 a와, 허수부 b를 구분하여 표기하는 방법과 원점에서 점 z까지의 거리 r과 편각 θ를 이용하여 $z = re^{i\theta}$로 표기하는 방법이 있다.

이때, $r = \sqrt{a^2 + b^2}$, $\begin{cases} a = rcos\theta \\ b = rsin\theta \end{cases}$ 이다.

첫 번째 표현 방법은 직교좌표를 이용하는 방법이라고 부르고, 덧셈(뺄셈)을 할 때 편리하다.

$$(a_1 + b_1 i) + (a_2 + b_2 i) = (a_1 + a_2) + (b_1 + b_2)i$$
$$(a_1 + b_1 i)(a_2 + b_2 i) = (a_1 a_2 - b_1 b_2) + (a_1 b_2 + a_2 b_1)i$$

두 번째 표현 방법은 극좌표를 이용하는 방법이라고 부르고, 곱셈을 할 때 편리하다.

$$r_1 e^{i\theta_1} \times r_2 e^{i\theta_2} = r_1 r_2 e^{i(\theta_1 + \theta_2)}$$

이 책에서는 주로 두 번째 방법을 사용한다.

세 개의 복소수 $z_1 = 1 + i$, $z_2 = 1 + \sqrt{3}i$, $z_3 = \sqrt{3} + i$를 아래 그림과 같이 극좌표로 표시할 수 있다.

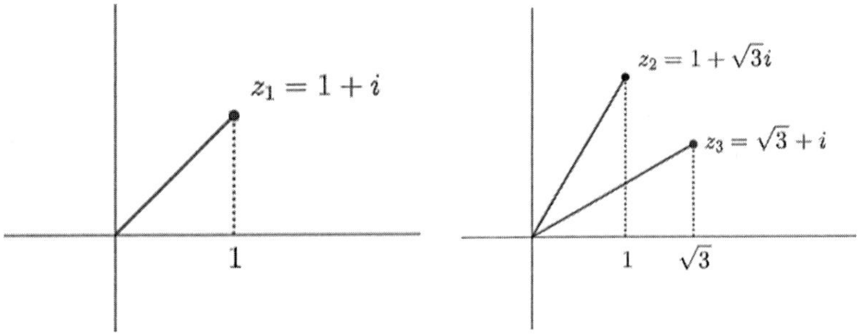

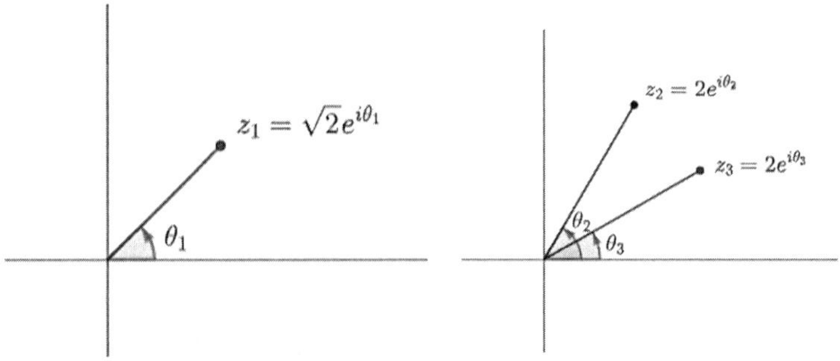

$$\theta_1 = \frac{\pi}{4}, \theta_2 = \frac{\pi}{3}, \theta_3 = \frac{\pi}{6}$$

덧셈연산은 실수부와 허수부를 각각 더하는 직교좌표 표현이 편리하다.

$$z_1 + z_1 = (1+i) + (1+i) = (1+1) + (i+i) = 2+2i$$

$$z_2 + z_3 = (1+\sqrt{3}\,i) + (\sqrt{3}+i) = (1+\sqrt{3}) + (\sqrt{3}\,i+i)$$
$$= (1+\sqrt{3}) + (\sqrt{3}+1)i$$

그러나 곱셈연산은 크기 r을 곱하고 각도 θ를 더하는 극좌표 표현이 편리하다.

$$z_1 \cdot z_1 = (1+i)(1+i) = 1+i^2+2i = 1-1+2i = 2i$$

$$z_1 \cdot z_1 = \sqrt{2}\,e^{i\theta_1}\sqrt{2}\,e^{i\theta_1} = (\sqrt{2})^2 e^{i(\theta_1+\theta_1)} = 2 \cdot e^{i\frac{\pi}{2}} = 2i$$

$$z_2 \cdot z_3 = (1+\sqrt{3}\,i)(\sqrt{3}+i) = \sqrt{3}+\sqrt{3}\,i^2+i+(\sqrt{3})^2 i$$
$$= \sqrt{3}-\sqrt{3}+i+3i$$
$$= 4i$$

$$z_2 \cdot z_3 = 2e^{i\frac{\pi}{3}} \cdot 2e^{i\frac{\pi}{6}} = 4e^{i(\frac{\pi}{3}+\frac{\pi}{6})} = 4 \cdot e^{i\frac{\pi}{2}} = 4i$$

다음의 연습문제에서 두 가지 표현방식으로 각각 연산해보고, 어느 방법이 편리한지 확인해보자.

연습문제 (1)

$z_1 = 1 + i = \sqrt{2}\, e^{\frac{\pi}{4} i}$,

$z_2 = 1 - i = \sqrt{2}\, e^{-\frac{\pi}{4} i}$ 일 때,

$z_1 + z_2$와 $z_1 z_2$를

계산하시오.

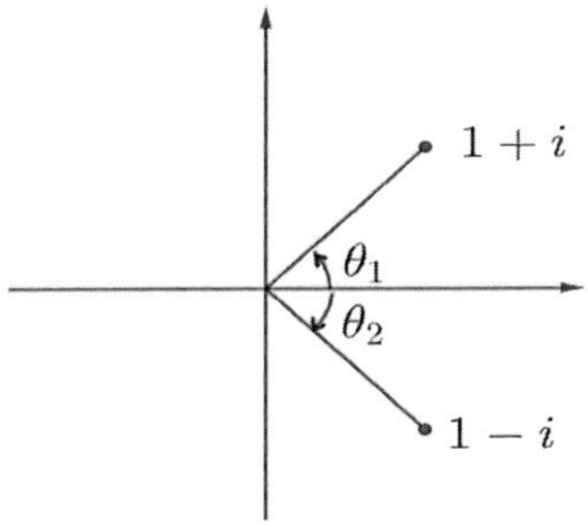

힌트
$$\begin{cases} \theta_1 = \dfrac{\pi}{4}, & r_1 = \sqrt{2} \\ \theta_2 = -\dfrac{\pi}{4}, & r_2 = \sqrt{2} \end{cases}$$

연습문제 (2)

$z_1 = \frac{1}{2} + \frac{\sqrt{3}}{2} i = e^{\frac{\pi}{3} i}$,

$z_2 = -\frac{1}{2} + \frac{\sqrt{3}}{2} i = e^{\frac{2\pi}{3} i}$ 일 때,

$z_1 + z_2$와 $z_1 z_2$를

계산하시오.

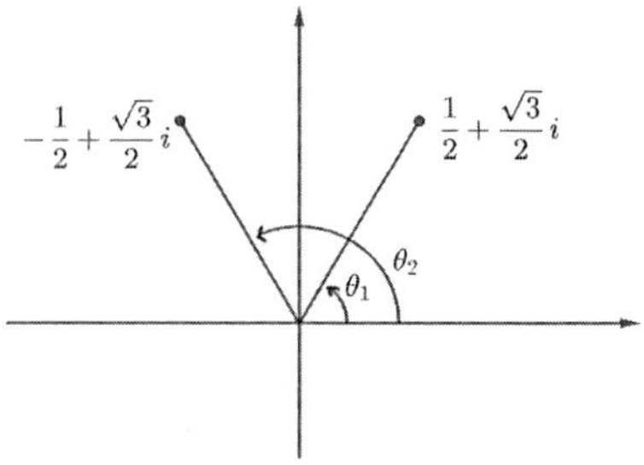

힌트 $\begin{cases} \theta_1 = \frac{1}{3}\pi, & r_1 = 1 \\ \theta_2 = \frac{2}{3}\pi, & r_2 = 1 \end{cases}$

연습문제 (3)

$z_1 = -1 + i = \sqrt{2}\, e^{\frac{3\pi}{4} i}$,

$z_2 = \frac{1}{2} + \frac{\sqrt{3}}{2} i = e^{\frac{\pi}{3} i}$ 일 때,

$z_1 + z_2$와 $z_1 z_2$를

계산하시오.

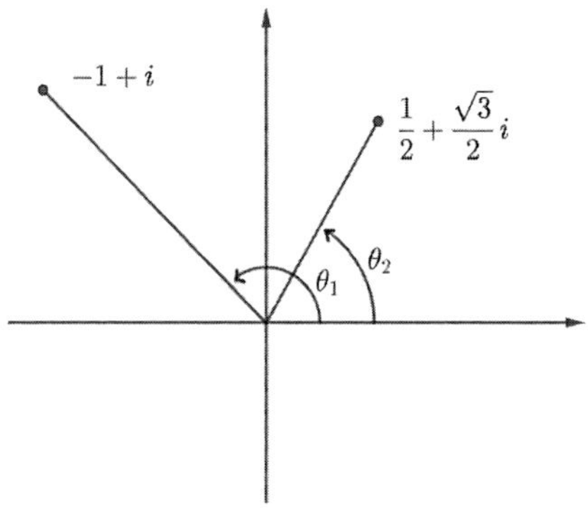

힌트 $\begin{cases} \theta_1 = \frac{3}{4}\pi, & r_1 = \sqrt{2} \\ \theta_2 = \frac{1}{3}\pi, & r_2 = 1 \end{cases}$

켤레복소수 $\bar{z}$는 아래와 같이 정의된다.

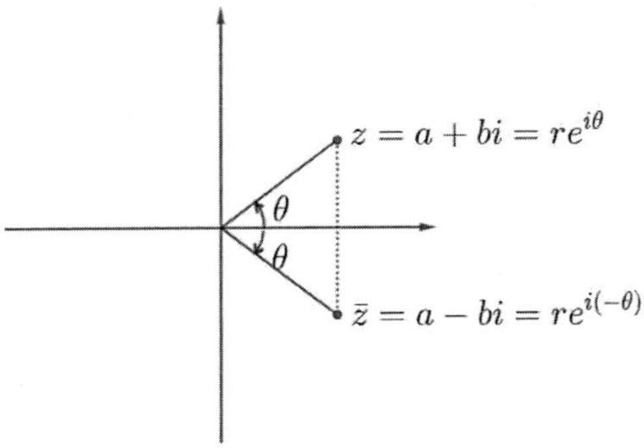

즉 $z = a + bi$일 때, $\bar{z}$는 z와 실수부는 일치하고, 허수부의 부호는 반대로 된다.

따라서 z가 실수이면 $\bar{z} = z$ 이다. 만약 z가 순허수이면 $\bar{z} = -z$ 이다. 또한 $z = re^{i\theta}$ 이면, $\bar{z} = re^{i(-\theta)}$가 된다.

비슷한 방법으로 우리는 수평적 켤레복소수 $\tilde{z}$를 정의할 수 있다.

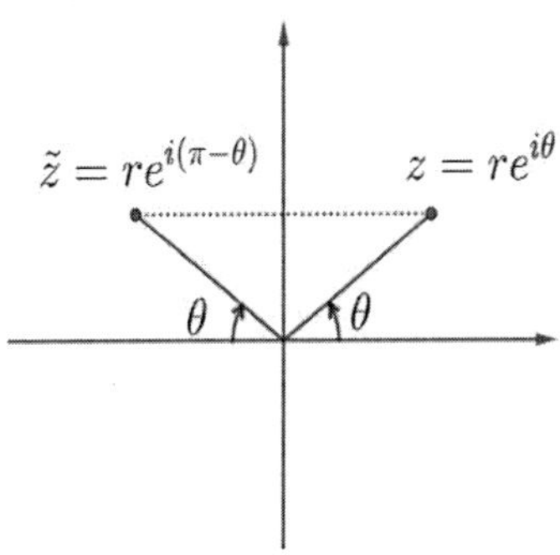

즉 $z=a+bi$일 때, $\tilde{z}$는 허수부가 일치하고, 실수부의 부호가 반대로 된다.

따라서 z가 실수이면 $\tilde{z} = -z$ 이고, z가 순허수이면 $\tilde{z} = z$ 가 된다. 또한 $z=re^{i\theta}$ 이면, $\tilde{z}= re^{i(\pi-\theta)}$ 이다.

z가 단위원 위에 있는 복소수이면, 즉 $z=e^{i\theta}$ 일 때, 다음과 같은 성질이 있다.

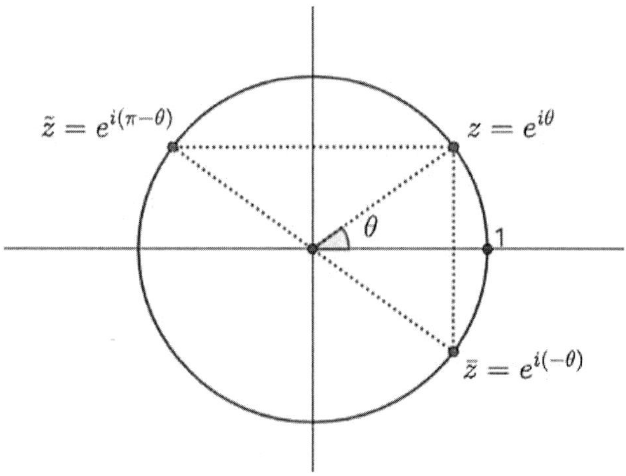

① $z\bar{z} = 1$ 이다. 즉 $\bar{z}= \frac{1}{z}$ 이다.

② $z\tilde{z} = -1$ 이다. 즉 $\tilde{z}=-\frac{1}{z}$ 이다.

③ $\tilde{z} = -\bar{z}$ 이다.

연습문제 (4)

$z = re^{i\theta}$ 일 때, 다음을 계산해보자.

① $z\bar{z}$ 을 구하여라.

② $z\tilde{z}$ 을 구하여라.

③ $\bar{z}\tilde{z}$ 을 구하여라.

연습문제 (5)

$z=\frac{1}{2}+\frac{\sqrt{3}}{2}i$ 일 때, 다음을 계산해보자.

① $z\bar{z}$ 을 구하여라.

② $z\tilde{z}$ 을 구하여라.

③ $\bar{z}\tilde{z}$ 을 구하여라.

연습문제 (6)

$z = 3 + 4i$ 일 때, 다음을 계산해보자.

① $z\bar{z}$ 을 구하여라.

② $z\tilde{z}$ 을 구하여라.

③ $\bar{z}\tilde{z}$ 을 구하여라.

연습문제 (7)

$z = \frac{1}{\sqrt{2}} + \frac{1}{\sqrt{2}} i$ 일 때, 다음을 계산해보자.

① $z\bar{z}$ 을 구하여라.

② $z\tilde{z}$ 을 구하여라.

③ $\bar{z}\tilde{z}$ 을 구하여라.

1.2 복소수 z의 n제곱근

복소수 z의 n제곱근을 표시할 때, 극좌표를 이용하는 것이 편리하다.

z는 0이 아니라고 하자. 복소수 $z = re^{i\theta}$의 n제곱근은 방정식 $x^n - z = 0$의 해이고, 다음과 같이 n개가 존재한다.

$$\sqrt[n]{r}\,e^{i\frac{\theta}{n}}$$

$$\sqrt[n]{r}\,e^{i\left(\frac{\theta}{n}+\frac{2\pi}{n}\right)}$$

$$\sqrt[n]{r}\,e^{i\left(\frac{\theta}{n}+\frac{4\pi}{n}\right)}$$

$$\vdots$$

$$\sqrt[n]{r}\,e^{i\left(\frac{\theta}{n}+\frac{2(n-1)\pi}{n}\right)}$$

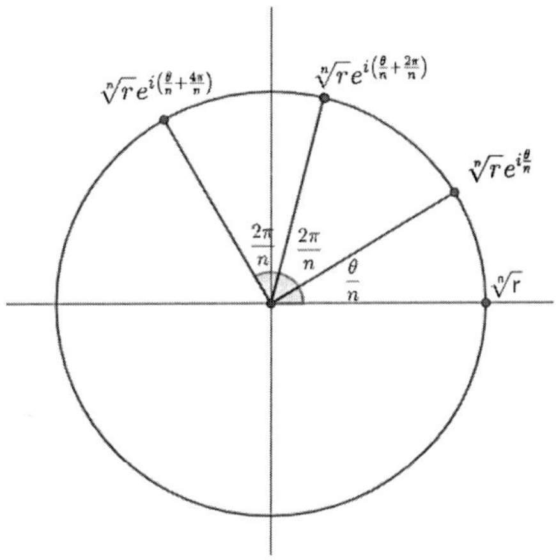

$z = re^{i\theta}$일 때, z의 n제곱근을 그려보면 다음 그림과 같다.

먼저 $\sqrt[n]{r}\,e^{i\frac{\theta}{n}}$를 표시하고, 나머지 $n-1$개의 n제곱근을 $\dfrac{2\pi}{n}$ 각도 차이로 모두 반지름이 $\sqrt[n]{r}$인 원 위에 그릴 수 있다.

특히, $e^{i\theta}$는 $r=1$인 복소수이고, 복소평면의 단위원 위에 놓여 있다.

$$e^{i\theta} = \cos\theta + i\sin\theta$$

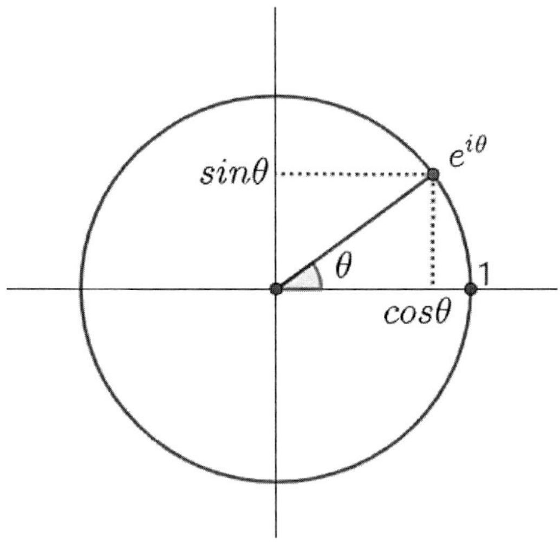

주어진 복소수 z의 3제곱근과 4제곱근을 복소수 평면에 그려보자.

① 1의 3제곱근은 $x^3-1=0$의 세 근이다.

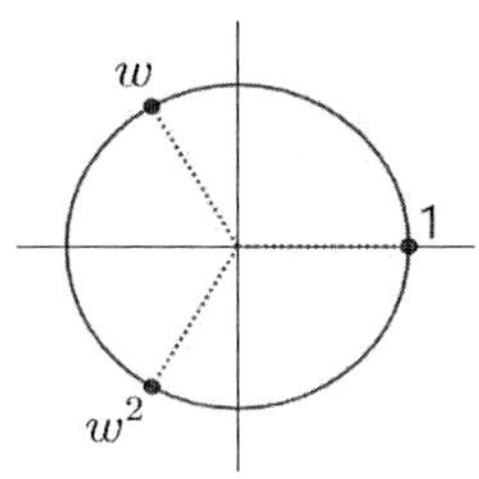

1의 3제곱근은 위 그림과 같이 반지름이 1인 원 위에 나타낼 수 있다. 1의 3제곱근은 1, w, w^2 이다.

$$w = e^{\frac{2}{3}\pi} = \cos\frac{2}{3}\pi + i\sin\frac{2}{3}\pi = -\frac{1}{2} + \frac{\sqrt{3}}{2}i$$

$$w^2 = e^{\frac{4}{3}\pi} = \cos\frac{4}{3}\pi + i\sin\frac{4}{3}\pi = -\frac{1}{2} - \frac{\sqrt{3}}{2}i$$

② 2의 3제곱근은 $x^3 - 2 = 0$의 세 근이다.

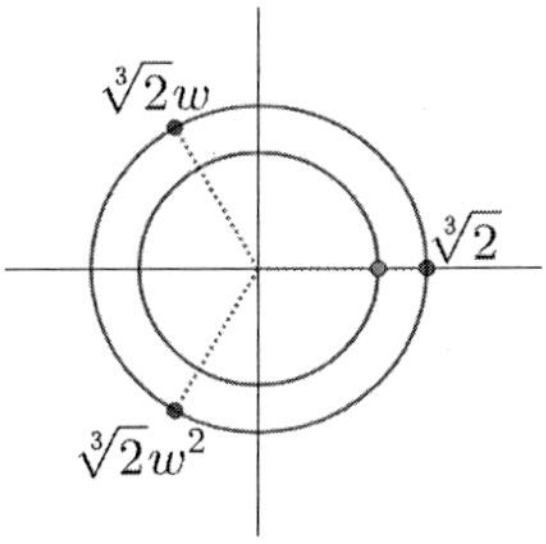

2의 3제곱근은 위 그림과 같이 반지름이 $\sqrt[3]{2}$ 인 원 위에 나타낼 수 있다. 2의 3제곱근은 $\sqrt[3]{2}$, $\sqrt[3]{2}w$, $\sqrt[3]{2}w^2$이다.

$$\sqrt[3]{2}w = \sqrt[3]{2}\left(\cos\frac{2}{3}\pi + i\sin\frac{2}{3}\pi\right) = \sqrt[3]{2}\left(-\frac{1}{2} + \frac{\sqrt{3}}{2}i\right)$$

$$\sqrt[3]{2}w^2 = \sqrt[3]{2}\left(\cos\frac{4}{3}\pi + i\sin\frac{4}{3}\pi\right) = \sqrt[3]{2}\left(-\frac{1}{2} - \frac{\sqrt{3}}{2}i\right)$$

③ i의 3제곱근은 $x^3 - i = 0$의 세 근이다.

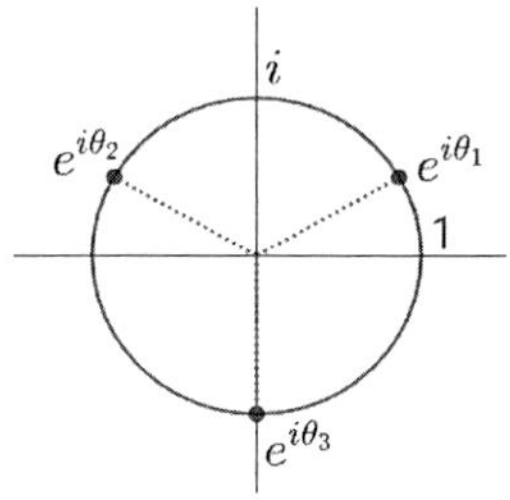

i의 3제곱근 $e^{i\theta_1}$, $e^{i\theta_2}$, $e^{i\theta_3}$는 반지름이 1인 단위원 위에 위의 그림과 같이 나타낼 수 있다. 세 개의 각 θ_1, θ_2, θ_3을 각각 계산해보면 아래와 같다.

$$\theta_1 = \frac{\pi}{2} \times \frac{1}{3} = \frac{\pi}{6}$$

$$\theta_2 = \left(2\pi + \frac{\pi}{2}\right) \times \frac{1}{3} = \frac{2}{3}\pi + \frac{\pi}{6}$$

$$\theta_3 = \left(4\pi + \frac{\pi}{2}\right) \times \frac{1}{3} = \frac{4}{3}\pi + \frac{\pi}{6}$$

④ 1의 4제곱근은 $x^4 - 1 = 0$의 근이다.

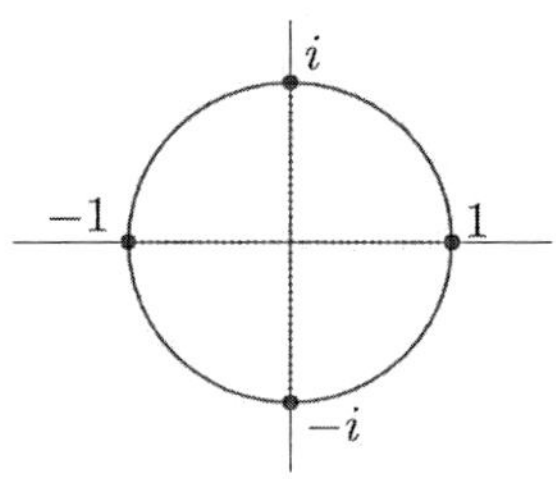

$x^4 - 1 = 0$의 해 1, i, -1, $-i$는 위 그림과 같이 단위원 위에 90° 간격으로 4개가 존재한다.

⑤ 2의 4제곱근은 $x^4 - 2 = 0$의 근이다.

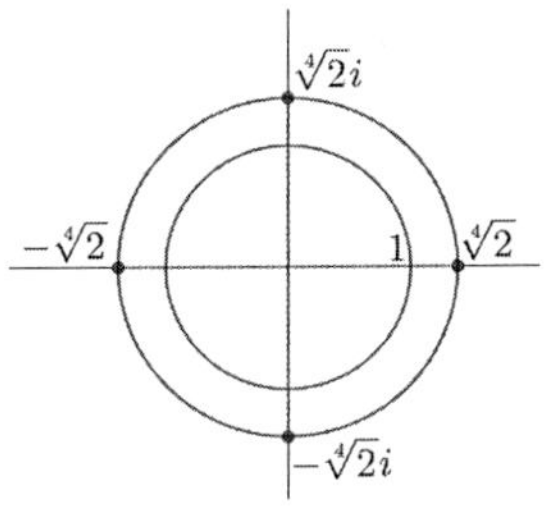

$x^4 - 2 = 0$의 해 $\sqrt[4]{2}$, $\sqrt[4]{2}i$, $-\sqrt[4]{2}$, $-\sqrt[4]{2}i$는 반지름이 $\sqrt[4]{2}$인 원 위에 90° 간격으로 4개가 존재한다.

⑥ i의 4제곱근은 $x^4 - i = 0$의 근이다.

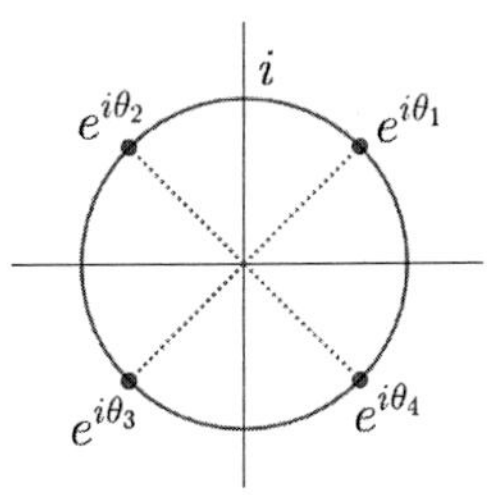

i의 4제곱근 $e^{i\theta_1}$, $e^{i\theta_2}$, $e^{i\theta_3}$, $e^{i\theta_4}$는 $x^4 - i = 0$의 해이고, 단위원 위에 90° 간격으로 4개가 존재한다. 네 개의 각 θ_1, θ_2, θ_3, θ_4를 각각 계산해 보면 아래와 같다.

$$\theta_1 = \frac{\pi}{2} \times \frac{1}{4} = \frac{\pi}{8}$$

$$\theta_2 = \left(2\pi + \frac{\pi}{2}\right) \times \frac{1}{4} = \frac{\pi}{2} + \frac{\pi}{8}$$

$$\theta_3 = \left(4\pi + \frac{\pi}{2}\right) \times \frac{1}{4} = \pi + \frac{\pi}{8}$$

$$\theta_4 = \left(6\pi + \frac{\pi}{2}\right) \times \frac{1}{4} = \frac{3}{2}\pi + \frac{\pi}{8}$$

▶ 앞의 내용을 바탕으로 길이가 2인 복소수 $1+\sqrt{3}\,i$, $2i$, $-2i$의 제곱근과 세제곱근, 네제곱근을 그림으로 나타내면 다음과 같다.

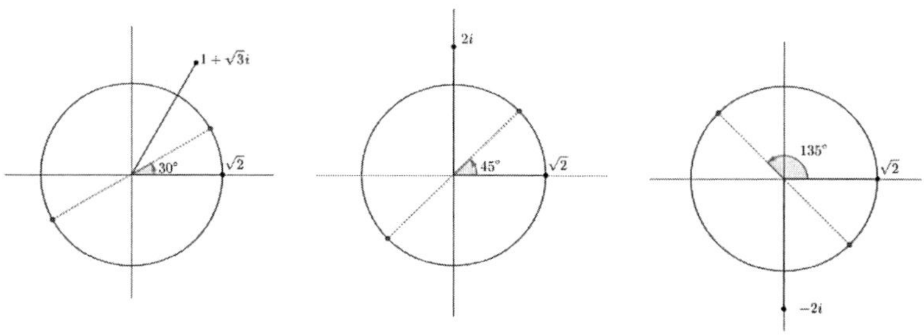

2개의 제곱근은 180° 간격으로 원 위에 나타난다.

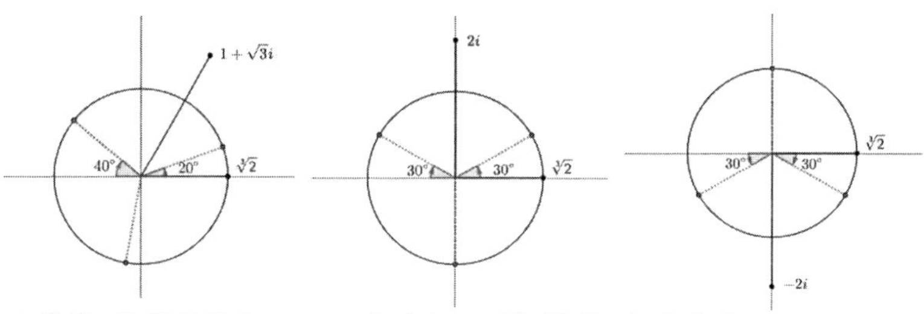

3개의 세제곱근은 120° 간격으로 원 위에 나타난다.

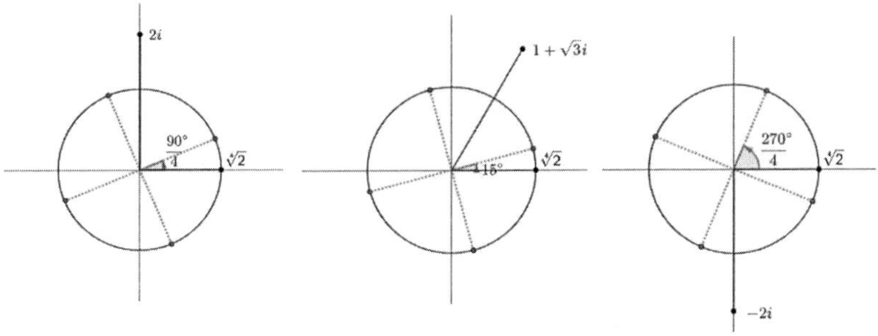

4개의 네제곱근은 90° 간격으로 원 위에 나타난다.

▶ 길이가 1인 복소수의 n제곱근은 모두 단위원 위에 나타난다.

예를 들어 $\frac{1}{2}+\frac{\sqrt{3}}{2}i$, i, $-i$의 제곱근, 세제곱근, 네제곱근을 그림으로 나타내면 다음과 같다.

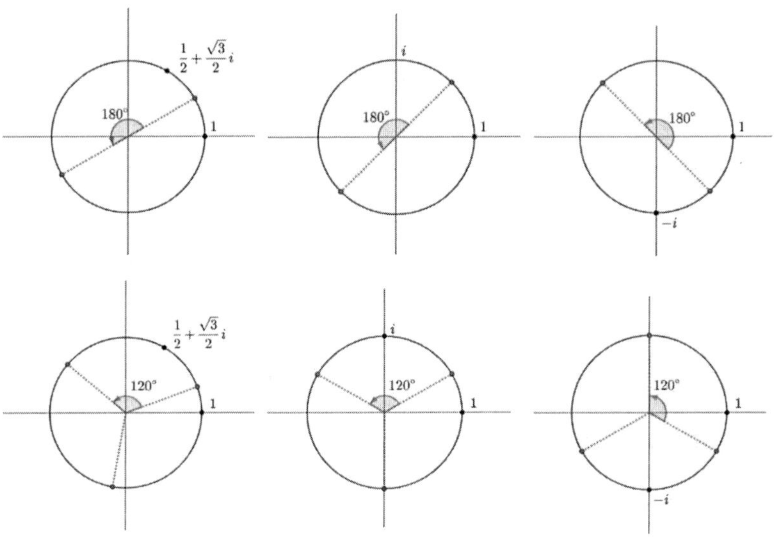

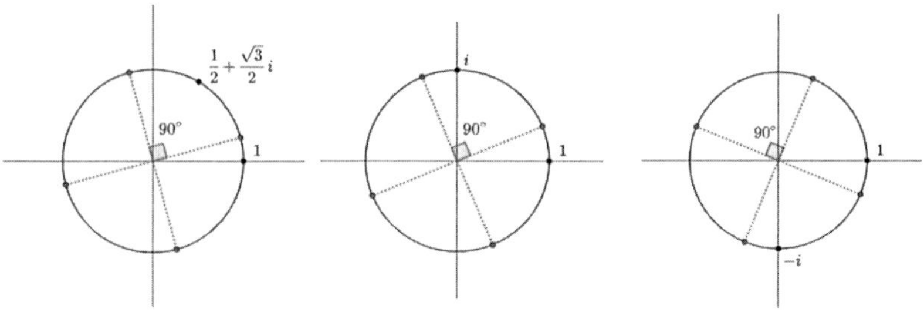

▶ 1의 제곱근, 세제곱근, 네제곱근, … 을 그림으로 나타내면 아래와 같다.

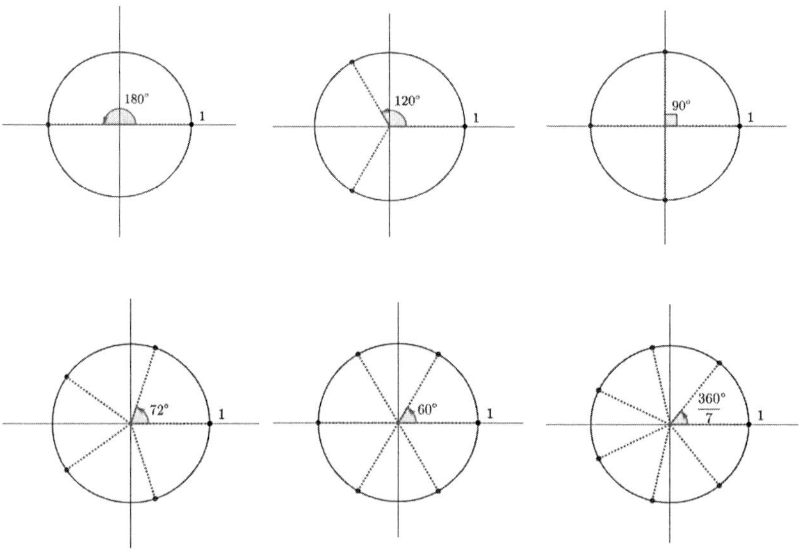

연습문제 (8)

나눗셈 알고리즘, 인수정리를 이용하여 복소수체 안에서 $z(\neq 0)$의 n 제곱근이 n개임을 증명하시오.

힌트 대수학의 기본정리에 의하면, 1차 이상의 다항식은 항상 복소수체 $\mathbb{C}$ 안에서 해를 갖는다.

연습문제 (9)

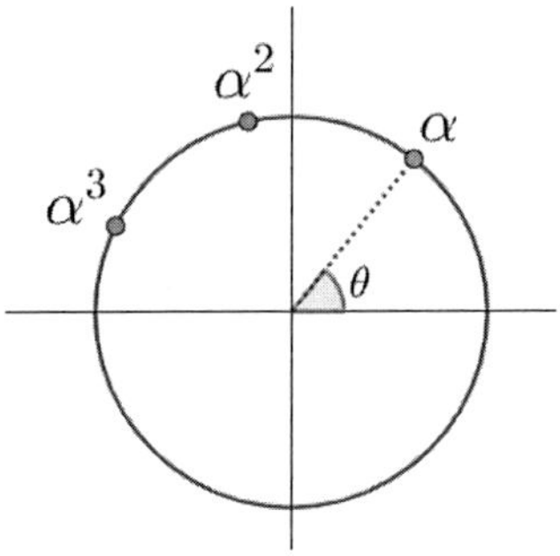

$n = 1,2,3,4$ 라고 하자.

각각의 경우에 아래 등식이 성립한다.

$x^n - 1 = (x - \alpha)(x - \alpha^2)\cdots(x - \alpha^n)$

이를 계산으로 확인해보시오.

이때, $\alpha = e^{\theta i} = e^{\frac{2\pi}{n}i}$ 이다.

1.3 1의 n제곱근과 원시 n제곱근

1의 n제곱근은 n번 거듭제곱을 했을 때 1이 되는 수이다. 즉, 방정식 $x^n - 1 = 0$의 해가 1의 n제곱근이다.

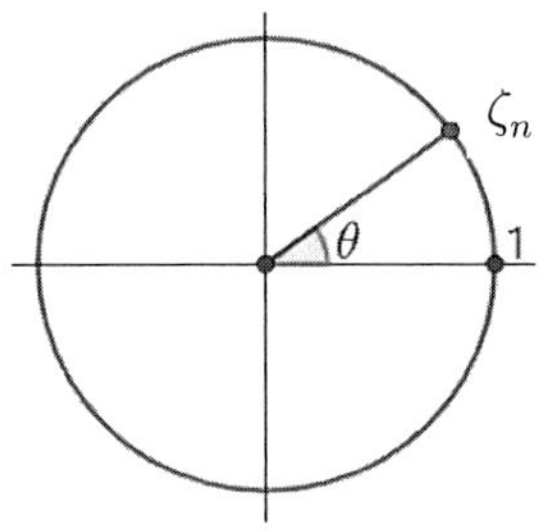

ζ_n은 다음과 같이 정의되는 1의 n제곱근이다.

$$\zeta_n = e^{\frac{2\pi}{n}i} = \cos\theta + i\sin\theta \left(\theta = \frac{2\pi}{n}\right)$$

대수학의 기본정리에 의하여 1의 n제곱근은 아래와 같이 n개가 존재한다.

$$S = \left\{\zeta_n, \zeta_n^2, \cdots, \zeta_n^{n-1}, \zeta_n^n\right\},\ \zeta_n^n = 1$$

그리고 복소수평면에 그린 단위원 위에 1의 n제곱근을 모두 나타낼 수 있다.

1의 n제곱근 n개를 근으로 갖는 방정식이 $x^n - 1 = 0$이다.

즉, $x^n - 1 = \prod_{\alpha \in S}(x-\alpha)$이다.

이때, 1의 n제곱근의 집합 S는 곱셈군을 이룬다. 또한 S는 순환군이고, S의 생성원을 1의 원시 n제곱근이라고 부른다.

P를 1의 원시 n제곱근의 집합이라고 하면, $|P| = \phi(n)$이 된다.

$P = \left\{\zeta_n^k \mid (k,n) = 1\right\}$ 또는 $P = \left\{\zeta_n^k \mid k \in Z_n^*\right\}$로 표현할 수 있다.

S_d는 S의 원소 중에서 위수가 d인 것들의 집합이라고 하자.

그러면 $S = \dot{\bigcup_{d \mid n}} S_d$ 으로 쓸 수 있다.

예를 들어 S가 $x^6 - 1 = 0$의 해, 즉 1의 6제곱근의 집합일 때,

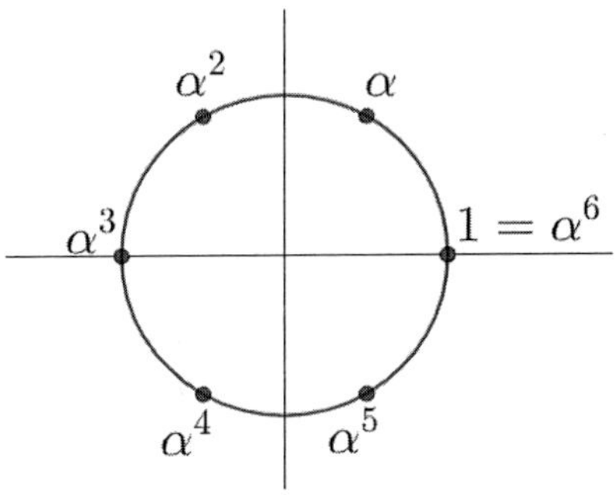

$S = \{1, \alpha, \alpha^2, \alpha^3, \alpha^4, \alpha^5\}$ 이고 $S_1 = \{1\}$, $S_2 = \{\alpha^3\}$, $S_3 = \{\alpha^2, \alpha^4\}$, $S_6 = \{\alpha, \alpha^5\}$ 이다.

따라서 $S=\{1,\alpha,\alpha^2,\alpha^3,\alpha^4,\alpha^5\}=S_1\cup S_2\cup S_3\cup S_6$ 임을 알 수 있다.

이는 x^6-1이 $\Phi_1(x)\Phi_2(x)\Phi_3(x)\Phi_6(x)$와 같이 4개의 원분다항식의 곱과 같다는 것을 설명한다.

2.1장의 연습문제 (3)에서 이를 일반적으로 증명한다.

다른 예로 S가 $x^8-1=0$의 해, 즉 1의 8제곱근의 집합일 때,

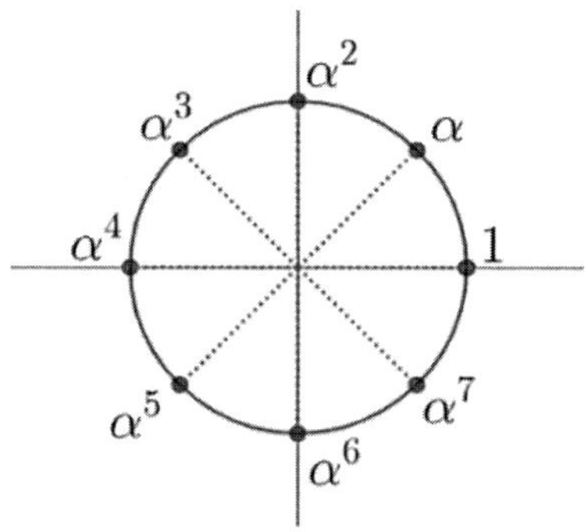

$S=\{1,\alpha,\alpha^2,\alpha^3,\alpha^4,\alpha^5,\alpha^6,\alpha^7\}$ 이고 $S_1=\{1\}$, $S_2=\{\alpha^4\}$, $S_4=\{\alpha^2,\alpha^6\}$, $S_8=\{\alpha,\alpha^3,\alpha^5,\alpha^7\}$ 이다.

따라서 $S=\{1,\alpha,\alpha^2,\alpha^3,\alpha^4,\alpha^5,\alpha^6,\alpha^7\}=S_1\cup S_2\cup S_4\cup S_8$ 임을 알 수 있다.

이는 x^8-1이 4개의 원분다항식의 곱과 같다는 것을 설명한다.

즉,

$$x^8 - 1 = \Phi_1(x)\Phi_2(x)\Phi_4(x)\Phi_8(x) = (x-1)(x+1)(x^2+1)(x^4+1)$$

이다.

1의 원시 n제곱근은 $\phi(n)$개를 근으로 갖는 다항식이 원분다항식 $\Phi_n(x)$이다. 즉, $\Phi_n(x) = \prod_{\alpha \in P}(x-\alpha)$이다.

일반적으로 1의 n제곱근이나 1의 원시 n제곱근은 정수가 아닌 복소수인 경우가 많다. 그러나 '대칭성' 때문에 다항식 $x^n - 1$과 원분다항식 $\Phi_n(x)$의 계수는 모두 정수가 된다.

n이 3인 경우에 $x^3 - 1$과 $\Phi_3(x)$를 각각 생각해보자.

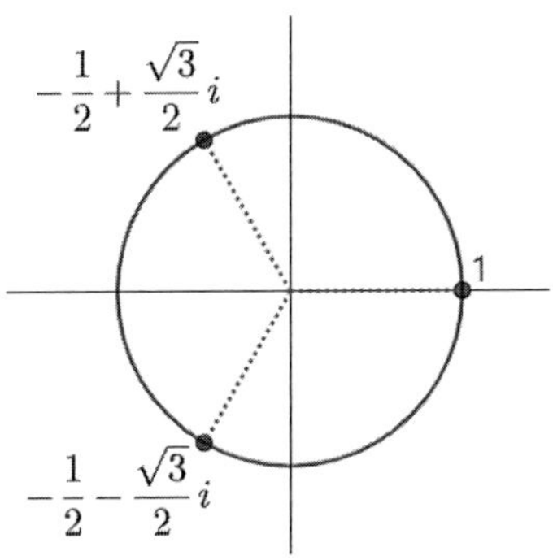

1의 세제곱근은 3개이다.

$$1,\ w = -\frac{1}{2}+\frac{\sqrt{3}}{2}i,\ w^2 = -\frac{1}{2}-\frac{\sqrt{3}}{2}i$$

위 3개의 값을 해로 갖는 다항식은

$(x-1)\left(x-\left(-\frac{1}{2}+\frac{\sqrt{3}}{2}i\right)\right)\left(x-\left(-\frac{1}{2}-\frac{\sqrt{3}}{2}i\right)\right)=x^3-1$ 이다.

1의 원시 3제곱근은 2개이다.

$$w=-\frac{1}{2}+\frac{\sqrt{3}}{2}i,\ w^2=-\frac{1}{2}-\frac{\sqrt{3}}{2}i$$

위 2개의 값을 해로 갖는 다항식은

$$\left(x-\left(\frac{1}{2}+\frac{\sqrt{3}}{2}i\right)\right)\left(x-\left(\frac{1}{2}-\frac{\sqrt{3}}{2}i\right)\right)=x^2+x+1$$

따라서 $\Phi_3(x)=x^2+x+1$ 이다.

n이 4인 경우에 x^4-1과 $\Phi_4(x)$를 각각 생각해보자.

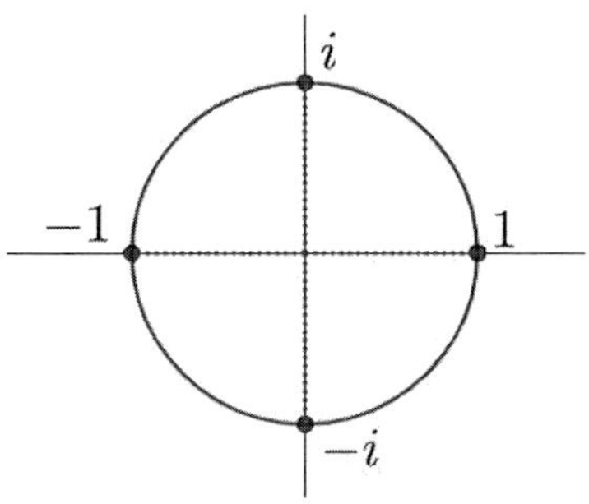

1의 4제곱근은 4개이다.

$$1,\ i,\ -1,\ -i$$

위 4개의 값을 해로 갖는 다항식은

$(x-1)(x-i)(x+1)(x+i)=(x^2-1)(x^2+1)=x^4-1$ 이다.

1의 원시 4제곱근은 2개이다.

$$i,\ -i$$

위 2개의 값을 해로 갖는 다항식은

$$(x-i)(x+i)=x^2+1$$

따라서 $\Phi_4(x)=x^2+1$이다.

n이 5인 경우에 x^5-1과 $\Phi_5(x)$를 각각 생각해보자.

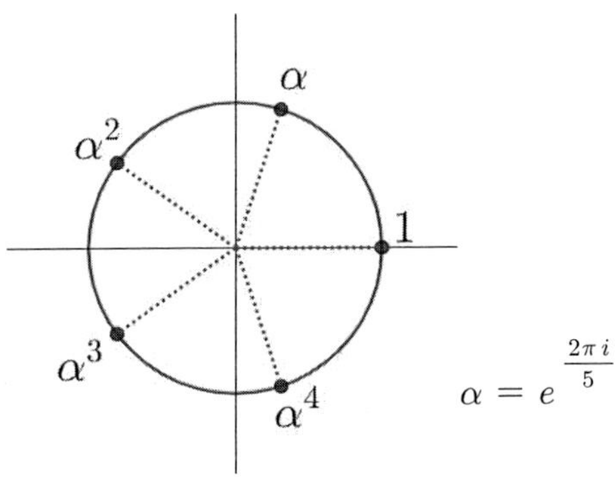

1의 5제곱근은 5개이다.

$$1,\ \alpha,\ \alpha^2,\ \alpha^3,\ \alpha^4$$

위 5개의 값을 모두 해로 갖는 다항식은

$(x-1)(x-\alpha)(x-\alpha^2)(x-\alpha^3)(x-\alpha^4)=x^5-1$ 이다.

1의 원시 5제곱근은 4개이다.

$$\alpha,\ \alpha^2,\ \alpha^3,\ \alpha^4$$

위 4개의 값을 해로 갖는 다항식은

$$(x-\alpha)(x-\alpha^2)(x-\alpha^3)(x-\alpha^4)=x^4+x^3+x^2+x+1$$

위 식의 계산은 2.1절에서 확인하자.

따라서 $\Phi_5(x)=x^4+x^3+x^2+x+1$이다.

▶ 1의 n제곱근과 1의 원시 n제곱근의 합과 곱은 다음과 같은 성질이 있다.

이제 차례대로 각각을 증명해 보자.

① 1의 n제곱근의 합$=0$

② 1의 n제곱근의 곱$=\begin{cases}1 & n : \text{홀수} \\ -1 & n : \text{짝수}\end{cases}$

③ 1의 원시 n제곱근의 합$=\mu(n)$

④ 1의 원시 n제곱근의 곱$=1$

①, ②, ④의 증명은 비교적 간단한데, ③의 증명은 복잡하다. ③의 증명을 위하여 1.3절에서 뫼비우스 함수 $\mu(n)$을 이용한다.

정리 1.3.1

1의 n제곱근의 합은 0이다. $(n > 1)$

(단, $n = 1$일 때는 1의 1제곱근의 합은 1이다.)

증명 1의 n제곱근은 $x^n - 1 = 0$의 해이다.

$n > 1$인 경우, x^{n-1}의 계수는 0이므로 1의 n제곱근의 합은 0인 것을 알 수 있다. 단, $n = 1$인 경우는 1이다.

또한, 1의 n제곱근의 합은 기하급수의 합 공식을 이용하여 증명할 수도 있다. $\alpha = e^{\frac{2\pi i}{n}}$로 두면, $n > 1$인 경우

$1 + \alpha + \alpha^2 + \cdots + \alpha^{n-1} = \dfrac{1-\alpha^n}{1-\alpha} = 0$이 된다.

특히, n이 짝수인 경우는 1의 n제곱근을 다음과 같이 쓸 수 있다.

$$\left\{1, \alpha, \alpha^2, \cdots, \alpha^{\frac{n}{2}-1}, \alpha^{\frac{n}{2}}, \alpha^{\frac{n}{2}+1}, \alpha^{\frac{n}{2}+2}, \cdots, \alpha^{n-1}\right\}$$

$$= \left\{1, \alpha, \alpha^2, \cdots, \alpha^{\frac{n}{2}-1}, -1, -\alpha, -\alpha^2, \cdots, -\alpha^{\frac{n}{2}-1}\right\}$$

따라서 1의 n제곱근의 합은 0이 된다.

예를 들어, $n = 6$인 경우 1의 6제곱근을 아래와 같은 그림으로 나타낼 수 있다.

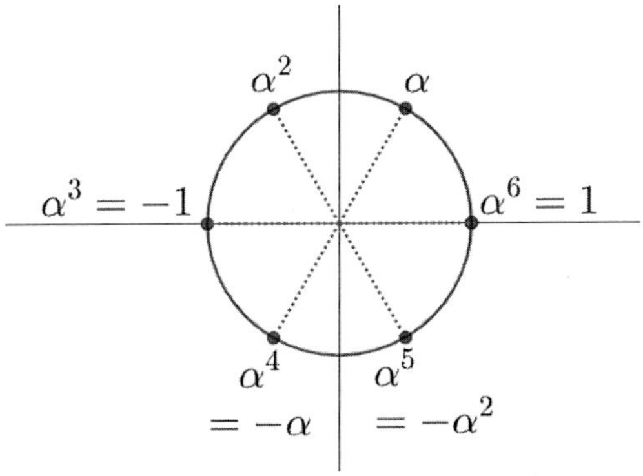

정리 1.3.2

1의 n제곱근의 곱은 n이 홀수일 때 1이고, n이 짝수일 때 -1이다.

증명 방법 (ⅰ)

다음 그림을 보자.

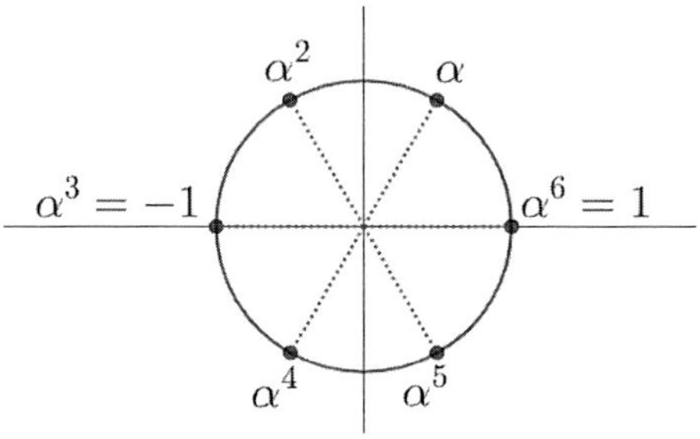

($n=6$일 때)

n이 2보다 큰 짝수인 경우에 α^r과 α^{n-r}을 곱하면 1을 얻는다.

$(r=1, 2, \cdots, \frac{n}{2}-1)$

따라서 남아있는 1과 -1을 곱하면 1의 n제곱근 전체의 곱은 -1이 된다. n이 2인 경우는 1과 -1의 곱으로 -1을 얻는다. n이 1보다 큰 홀수인 경우에 α^r과 α^{n-r}을 곱하면 1을 얻는다.

$(r=1, 2, \cdots, \frac{n-1}{2})$

따라서 남아있는 1을 곱하여 1의 n제곱근 전체의 곱은 1이 된다.

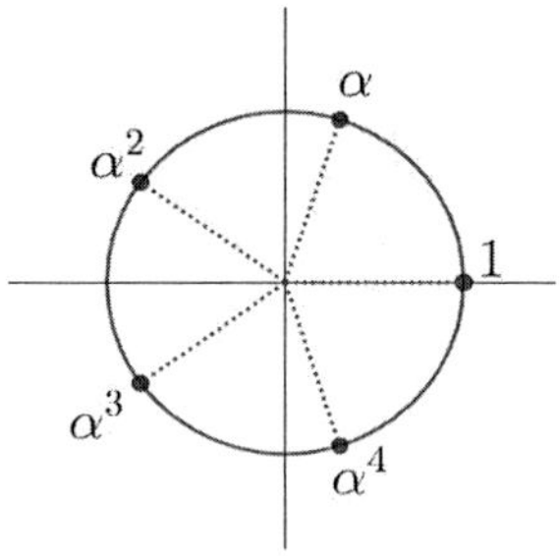

($n=5$일 때)

방법 (ii)

지수의 합을 이용하여 다른 방법으로 증명할 수 있다.

$1 \cdot \alpha \cdot \alpha^2 \cdots \alpha^{n-1} = \alpha^{\frac{1}{2}n(n-1)}$를 이용하면

n이 짝수인 경우: $\alpha^{\frac{1}{2}n(n+1)} = \left(\alpha^{\frac{1}{2}n}\right)^{n-1} = (-1)^{n-1} = -1$

n이 홀수인 경우: $\alpha^{\frac{1}{2}n(n+1)} = \left(\alpha^{\frac{n-1}{2}}\right)^{n} = (\alpha^n)^{\frac{n-1}{2}} = 1$

1의 원시 n제곱근의 합은 구하기가 쉽지 않지만, 1의 원시 n제곱근의 곱은 아래와 같이 간단히 구할 수 있다.

정리 1.3.3

1의 원시 n제곱근의 곱은 1이다.

증명 $\alpha = e^{\frac{2\pi}{n}i}$일 때, 1의 원시 n제곱근은 n과 서로소인 k에 대하여 α^k 형태로 표시된다.

즉 $P = \{\alpha^k \mid (n,k) = 1\}$이다.

따라서 $P = \{\alpha^k \mid k \in \mathbb{Z}_n^*\}$로 쓸 수 있다.

또한 $(n,k) = 1$일 때, $(n,-k) = 1$이 성립하므로 $\mathbb{Z}_n^*$는 아래와 같이 쓸 수 있다.

$Z_n^* = \{r_1, r_2, \cdots, r_t, -r_1, -r_2, \cdots, -r_t\}$

$t = \dfrac{\phi(n)}{2}$, $(n, r_i) = 1$

따라서 원시 n제곱은의 곱은 아래와 같이 계산할 수 있다.

$\alpha^{r_1}\alpha^{r_2} \cdots \alpha^{r_t}\alpha^{-r_1}\alpha^{-r_2} \cdots \alpha^{-r_t} = \alpha^{r_1-r_1}\alpha^{r_2-r_2} \cdots \alpha^{r_t-r_t} = 1$

1.4 뫼비우스 함수

이 절에서는 뫼비우스 함수 $\mu(n)$을 설명하고, 뫼비우스 반전공식을 사용하여 1의 원시 n제곱근의 합이 $\mu(n)$과 같다는 것을 증명한다.

정의 1.4.1 뫼비우스 함수

뫼비우스 함수 $\mu : \mathbb{N} \to \mathbb{Z}$는 다음과 같이 정의한다.

$$\mu(n) = \begin{cases} 1 & , n = 1 \text{ 인 경우} \\ 0 & , n\text{이 제곱인수를 가진 경우} \\ (-1)^r & , n\text{이 서로 다른 } r\text{개의 소수의 곱인 경우} \end{cases}$$

예를 들어 $n = 1$부터 40까지 뫼비우스 함수값 $\mu(n)$은 아래 표와 같다.

n	1	2	3	4	5	6	7	8	9	10
$\mu(n)$	1	-1	-1	0	-1	1	-1	0	0	1

n	11	12	13	14	15	16	17	18	19	20
$\mu(n)$	-1	0	-1	1	1	0	-1	0	-1	0

n	21	22	23	24	25	26	27	28	29	30
$\mu(n)$	1	1	-1	0	0	1	0	0	-1	-1

n	31	32	33	34	35	36	37	38	39	40
$\mu(n)$	-1	0	1	1	1	0	-1	1	1	0

정의 1.4.2 뫼비우스 변환

f의 **뫼비우스 변환** F는 다음과 같이 정의한다.

$$F(n) = \sum_{d|n} f(d)$$

정의 1.4.3 곱셈함수

다음과 같은 성질을 갖는 함수를 **곱셈함수**라고 한다.

$$\begin{cases} f(1) = 1 \\ (m, n) = 1 \text{ 이면, } f(mn) = f(m) f(n) \end{cases}$$

정리 1.4.1

뫼비우스 함수 μ는 곱셈함수이다.

증명 뫼비우스 함수의 정의에 의하여 $\mu(1) = 1$ 이다.

따라서 $m = 1$ 또는 $n = 1$ 이면, $\mu(mn) = \mu(m)\mu(n)$ 이다.

이제 $(m, n) = 1$, $m \geq 2$, $n \geq 2$ 라고 가정하자.

i) m이 제곱인수를 가지면, mn도 제곱인수를 갖는다.
$\mu(m) = 0$이고 $\mu(mn) = 0$이므로 $\mu(mn) = \mu(m)\mu(n)$이 성립한다.

ii) n이 제곱인수를 가지면, 마찬가지로 $\mu(mn) = \mu(m)\mu(n)$이 성립한다.

iii) m과 n이 모두 제곱인수를 가지지 않으면,
$(m, n) = 1$이므로 mn도 제곱인수를 갖지 않는다.
$\mu(m) = (-1)^{r_1}$, $(m = p_1 p_2 \cdots p_{r_1})$ 이고
$\mu(n) = (-1)^{r_2}$, $(n = q_1 q_2 \cdots q_{r_2})$ 일 때,
$mn = p_1 p_2 \ldots p_{r_1} q_1 q_2 \cdots q_{r_2}$ 이므로

$\mu(mn) = (-1)^{r_1 + r_2}$ 이고,
$\mu(mn) = \mu(m)\mu(n)$이 성립한다.

> **정리 1.4.2**
>
> f가 곱셈함수이면, $F = \sum_{d|n} f(d)$ 도 곱셈함수이다.

증명 $F(1) = \sum_{d|1} f(d) = f(1) = 1$이다.

이때, $m = 1$ 이면 $F(mn) = F(n) = F(m)F(n)$이다.

마찬가지로 $n = 1$ 이면 $F(mn) = F(m) = F(m)F(n)$이다.

이제 $(m, n) = 1$, $m \geq 2$, $n \geq 2$라고 가정하자.

이때, $m = p_1^{e_1} p_2^{e_2} \cdots p_r^{e_r}$, $n = q_1^{c_1} q_2^{c_2} \cdots q_s^{c_s}$이고

$p_1, \ldots, p_r, q_1, \cdots q_s$는 모두 서로 다른 소수이다.

또한, mn의 양의 약수 d는 $d = p_1^{f_1} p_2^{f_2} \cdots p_r^{f_r} q_1^{k_1} q_2^{k_2} \cdots q_s^{k_s}$

(단, $0 \leq f_i \leq e_i$, $0 \leq k_i \leq c_i$)의 형태이다.

그러므로 mn의 약수 d는 $d = d_1 d_2$로 쓸 수 있고, d_1은 m의 약수, d_2는 n의 약수이다.

$$F(mn) = \sum_{d|mn} f(d) = \sum_{d_1|m} \sum_{d_2|n} f(d_1 d_2) = \sum_{d_1|m} \sum_{d_2|n} f(d_1) f(d_2)$$

$$= \sum_{d_1|m} f(d_1) \sum_{d_2|n} f(d_2) = F(m)F(n)$$이다.

따라서 F는 곱셈함수이다.

정리 1.4.3

뫼비우스 함수에 대하여 다음이 성립한다.

$$\sum_{d|n}\mu(d) = \begin{cases} 1, & n=1\text{인 경우} \\ 0, & n>1\text{인 경우} \end{cases}$$

증명 $n=1$이면, $\sum_{d|n}\mu(d) = \mu(1) = 1$ 이다.

$n \geq 2$이면, $n = p_1^{e_1} p_2^{e_2} \cdots p_r^{e_r}$ 로 소인수분해 할 수 있다.

이때, μ가 곱셈함수이므로

정리 1.4.2에 의하여 $\sum_{d|n}\mu(d)$는 곱셈함수이다.

따라서 $\sum_{d|n}\mu(d)$는 아래와 같이 분해할 수 있다.

$$\begin{aligned}
\sum_{d|n}\mu(d) &= \left(\sum_{d|p_1^{e_1}}\mu(d)\right)\left(\sum_{d|p_2^{e_2}}\mu(d)\right)\left(\sum_{d|p_r^{e_r}}\mu(d)\right) \\
&= \left(1+\mu(p_1)+\cdots+\mu(p_1^{e_1})\right)\left(1+\mu(p_2)+\cdots+\mu(p_2^{e_2})\right) \\
&\quad \cdots\left(1+\mu(p_r)+\cdots+\mu(p_r^{e_r})\right) \\
&= (1+\mu(p_1))(1+\mu(p_2))\cdots(1+\mu(p_r)) \\
&= 0
\end{aligned}$$

정리 1.4.4 뫼비우스 반전공식

F가 f의 뫼비우스 변환,

즉 $F(n)=\sum_{d|n} f(d)$ 이면 다음이 성립한다.

$$f(n)=\sum_{d|n}\mu\left(\frac{n}{d}\right)F(d)=\sum_{d|n}\mu(d)\,F\left(\frac{n}{d}\right)$$

증명 $\sum_{d|n}\mu(d)\,F\left(\frac{n}{d}\right)=\sum_{d|n}\mu(d)\left\{\sum_{e|\frac{n}{d}} f(e)\right\}$

$=\sum_{e|n} f(e)\left\{\sum_{d|\frac{n}{e}}\mu(d)\right\}$이다.

위 등식의 오른쪽에 있는 $\sum_{d|\frac{n}{e}}\mu(d)$는 정리 1.4.3에 의하여

$e=n$ 이면 1 이고 다른 경우는 0이다.

따라서 $\sum_{d|n}\mu(d)\,F\left(\frac{n}{d}\right)=f(n)\left\{\sum_{d|1}\mu(d)\right\}=f(n)\mu(1)=f(n)$

이 성립한다.

즉, $\sum_{d|n}\mu\left(\frac{n}{d}\right)F(d)=\sum_{d|n}\mu(d)\,F\left(\frac{n}{d}\right)=f(n)$이다.

정리 1.4.5

1의 원시 n제곱근의 합은 $\mu(n)$이다.

증명 1의 원시 n제곱근의 합을 $g(n)$이라고 하자.

그러면 1의 n제곱근의 합은 $\sum_{d|n} g(n)$ 이 된다.

이제 정리 1.3.1에 의하여 다음이 성립한다.

$$\sum_{d|n} g(d) = \begin{cases} 1\,, & n=1\text{인 경우} \\ 0\,, & n>1\text{인 경우} \end{cases}$$

이다.

따라서 $\sum_{d|n} g(d) = \delta(n)$ 이다. (단, $\delta(n) = \left[\frac{1}{n}\right]$이다.)

즉, δ는 g의 뫼비우스 변환이다.

여기서 뫼비우스 반전공식을 사용하면, 다음과 같이 증명된다.

$$g(n) = \sum_{d|n} \mu(d)\delta(\frac{n}{d}) = \sum_{d|n} \mu(d)\left[\frac{n}{d}\right] = \mu(n)$$

위에서 $[x]$는 the floor function이다.

즉, $[x]$는 x보다 크지 않은 가장 큰 정수이다.

▶ 이제 n이 3,4, $\cdots$,9일 때의 간단한 예를 통하여 1의 n제곱근과 1의 원시 n제곱근의 합과 곱을 여러 가지 방법으로 계산해보자.

[1] $n=3$일 때

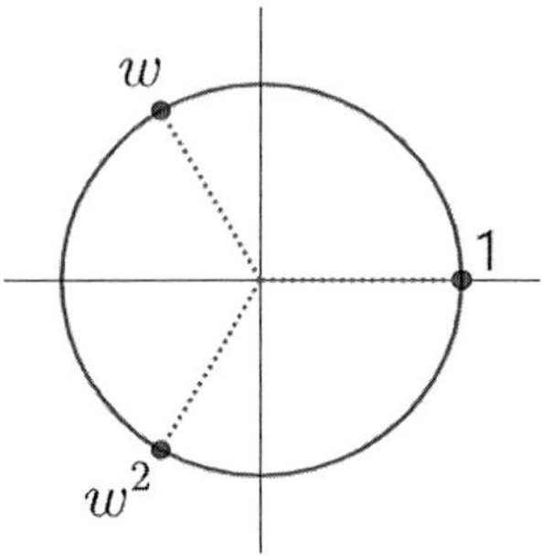

1의 3제곱근$=\{1, w, w^2\}$

1의 원시 3제곱근$=\{w, w^2\}$

$w=-\frac{1}{2}+\frac{\sqrt{3}}{2}i$

$w^2=-\frac{1}{2}-\frac{\sqrt{3}}{2}i$

① 1의 3제곱근의 합은 0이다.

$$1+w+w^2=1+\left(-\frac{1}{2}+\frac{\sqrt{3}}{2}i\right)+\left(-\frac{1}{2}-\frac{\sqrt{3}}{2}i\right)=0$$

② 1의 3제곱근의 곱은 1이다.

$$1\cdot w\cdot w^2=1\left(-\frac{1}{2}+\frac{\sqrt{3}}{2}i\right)\left(-\frac{1}{2}-\frac{\sqrt{3}}{2}i\right)=\frac{1}{4}+\frac{3}{4}=1$$

③ 1의 원시 3제곱근의 합은 $\mu(3)$이다.

$$w+w^2=(-\frac{1}{2}+\frac{\sqrt{3}}{2}i)+(-\frac{1}{2}-\frac{\sqrt{3}}{2}i)=-1=\mu(3)$$

④ 1의 원시 3제곱근의 곱은 1이다.

$$w\cdot w^2=w^3=1$$

[2] $n=4$일 때

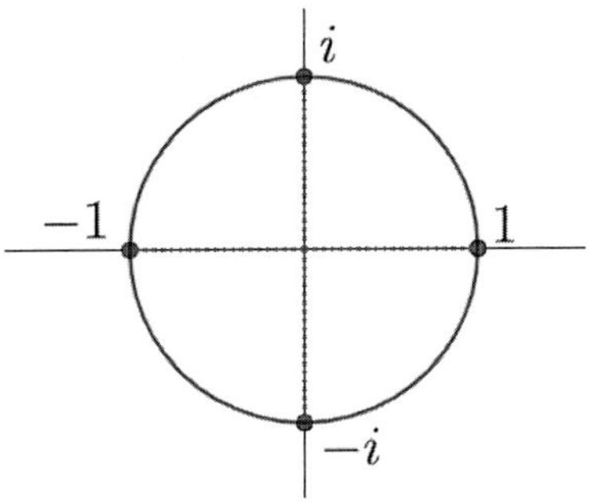

1의 4제곱근= $\{1, i, -1, -i\}$

1의 원시 4제곱근= $\{i, -i\}$

① 1의 4제곱근의 합은 0이다.

$$1+i+(-1)+(-i)=0$$

② 1의 4제곱근의 곱은 -1이다.

$$1\cdot i\cdot(-1)\cdot(-i)=-1$$

③ 1의 원시 4제곱근의 합은 $\mu(4)$이다.

$$i+(-i)=0=\mu(4)$$

④ 1의 원시 4제곱근의 곱은 1이다.

$$i\cdot(-i)=-i^2=1$$

[3] $n=5$일 때

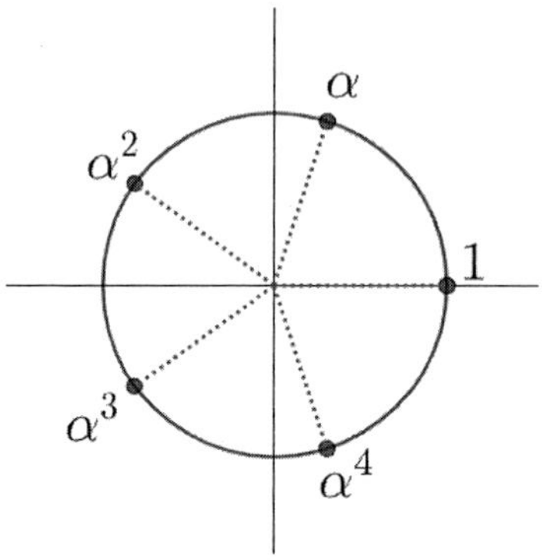

1의 5제곱근$=\{1,\alpha,\alpha^2,\alpha^3,\alpha^4\}$

1의 원시 5제곱근$=\{\alpha,\alpha^2,\alpha^3,\alpha^4\}$

$$\alpha=e^{\frac{2\pi}{5}i}=\cos\frac{2}{5}\pi+i\sin\frac{2}{5}\pi$$

$$\alpha^5=e^{2\pi i}=1$$

① 1의 5제곱근의 합은 0이다.

$$1+\alpha+\alpha^2+\alpha^3+\alpha^4=\frac{1-\alpha^5}{1-\alpha}=\frac{0}{1-\alpha}=0$$

② 1의 5제곱근의 곱은 1이다.

$$1\cdot\alpha\cdot\alpha^2\cdot\alpha^3\cdot\alpha^4=\alpha^{10}=(\alpha^5)^2=1^2=1$$

③ 1의 원시 5제곱근의 합은 $\mu(5)$이다.

$$1+\alpha+\alpha^2+\alpha^3+\alpha^4=0 \text{ 이므로 } \alpha+\alpha^2+\alpha^3+\alpha^4=-1=\mu(5)$$

④ 1의 원시 5제곱근의 곱은 1이다.

$$\alpha\cdot\alpha^2\cdot\alpha^3\cdot\alpha^4=\alpha^{10}=(\alpha^5)^2=1^2=1$$

[4] $n=6$일 때

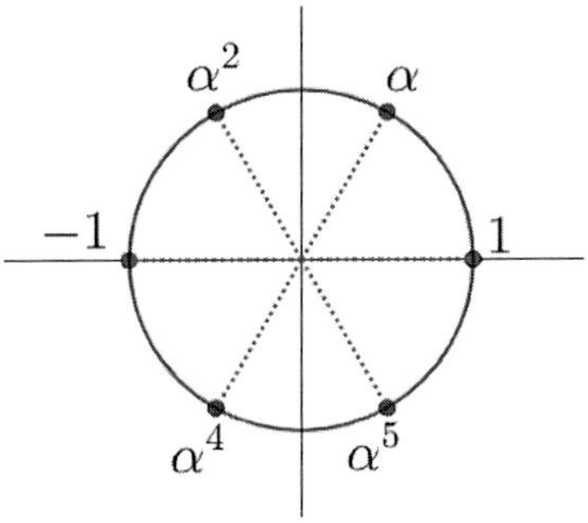

1의 6제곱근$=\{1,\alpha,\alpha^2,-1,\alpha^4,\alpha^5\}$

1의 원시 6제곱근$=\{\alpha,\alpha^5\}$

$$\alpha=e^{\frac{2\pi}{6}i}=\cos\frac{2}{6}\pi+i\sin\frac{2}{6}\pi$$

$$\alpha=\frac{1}{2}+\frac{\sqrt{3}}{2}i,\ \alpha^2=-\frac{1}{2}+\frac{\sqrt{3}}{2}i,\ \alpha^3=-1$$

$$\alpha^4=-\frac{1}{2}-\frac{\sqrt{3}}{2}i,\ \alpha^5=\frac{1}{2}-\frac{\sqrt{3}}{2}i,\ \alpha^6=1$$

위 값을 아래 식에 대입하여 계산 결과를 확인해보자.

① 1의 6제곱근의 합은 0이다.

$$1+\alpha+\alpha^2+\alpha^3+\alpha^4+\alpha^5=1+\alpha+\alpha^2-1-\alpha-\alpha^2=0$$

② 1의 6제곱근의 곱은 -1이다.

$$1\cdot\alpha\cdot\alpha^2\cdot\alpha^3\cdot\alpha^4\cdot\alpha^5=\alpha^{15}=(\alpha^6)^2\alpha^3=-1$$

③ 1의 원시 6제곱근의 합은 $\mu(6)$이다.

$$\alpha+\alpha^5=(\frac{1}{2}+\frac{\sqrt{3}}{2}i)+(\frac{1}{2}-\frac{\sqrt{3}}{2}i)=1=\mu(6)$$

④ 1의 원시 6제곱근의 곱은 1이다.

$$\alpha\cdot\alpha^5=\alpha^6=1$$

[5] $n=7$일 때

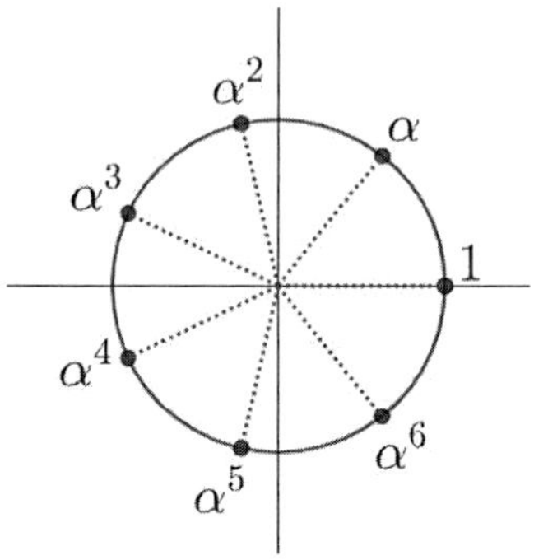

1의 7제곱근= $\{1,\alpha,\alpha^2,\alpha^3,\alpha^4,\alpha^5,\alpha^6\}$

1의 원시7제곱근= $\{\alpha,\alpha^2,\alpha^3,\alpha^4,\alpha^5,\alpha^6\}$

$\alpha=e^{\frac{2\pi}{7}i}=\cos\frac{2}{7}\pi+i\sin\frac{2}{7}\pi$

① 1의 7제곱근의 합은 0이다.

$$1+\alpha+\alpha^2+\alpha^3+\alpha^4+\alpha^5+\alpha^6=\frac{1-\alpha^7}{1-\alpha}=\frac{0}{1-\alpha}=0$$

② 1의 7제곱근의 곱은 1이다.

$$1\cdot\alpha\cdot\alpha^2\cdot\alpha^3\cdot\alpha^4\cdot\alpha^5\cdot\alpha^6=\alpha^{21}=1$$

③ 1의 원시 7제곱근의 합은 $\mu(7)$이다.

$$1+\alpha+\alpha^2+\alpha^3+\alpha^4+\alpha^5+\alpha^6=0 \text{ 이므로}$$

$$\alpha+\alpha^2+\alpha^3+\alpha^4+\alpha^5+\alpha^6=-1=\mu(7)$$

④ 1의 원시 7제곱근의 곱은 1이다.

$$\alpha\cdot\alpha^2\cdot\alpha^3\cdot\alpha^4\cdot\alpha^5\cdot\alpha^6=\alpha^{21}=(\alpha^7)^3=1^3=1$$

[6] $n=8$일 때

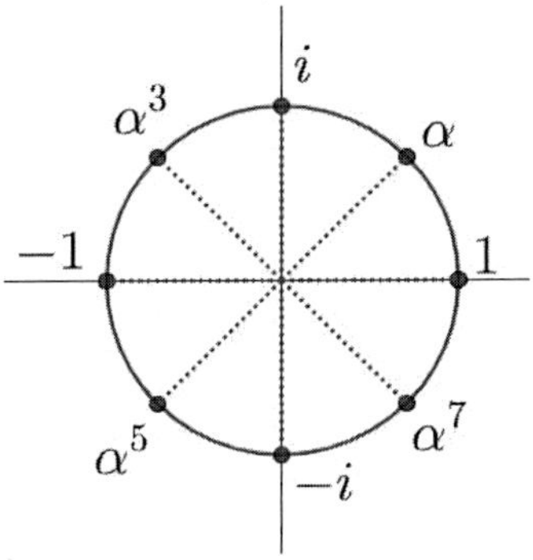

1의 8제곱근

$=\{1, \alpha, \alpha^2, \alpha^3, \alpha^4, \alpha^5, \alpha^6, \alpha^7\}$

1의 원시 8제곱근$=\{\alpha, \alpha^3, \alpha^5, \alpha^7\}$

$\alpha = e^{\frac{2\pi}{8}i} = \cos\frac{2}{8}\pi + i\sin\frac{2}{8}\pi$

$$\alpha = \frac{1}{\sqrt{2}} + \frac{1}{\sqrt{2}}i, \ \ \alpha^2 = i, \ \ \alpha^4 = -1$$

① 1의 8제곱근의 합은 0이다.

$$1+\alpha+\alpha^2+\alpha^3+\alpha^4+\alpha^5+\alpha^6+\alpha^7=0$$

② 1의 8제곱근의 곱은 -1이다.

$$1 \cdot \alpha \cdot \alpha^2 \cdot \alpha^3 \cdot \alpha^4 \cdot \alpha^5 \cdot \alpha^6 \cdot \alpha^7 = \alpha^{28} = (\alpha^8)^3\alpha^4 = \alpha^4 = -1$$

③ 1의 원시 8제곱근의 합은 $\mu(8)$이다.

$$\alpha+\alpha^3+\alpha^5+\alpha^7 = \alpha+\alpha^3-\alpha-\alpha^3 = 0 = \mu(8)$$

④ 1의 원시 8제곱근의 곱은 1이다.

$$\alpha \cdot \alpha^3 \cdot \alpha^5 \cdot \alpha^7 = \alpha^{16} = (\alpha^8)^2 = 1^2 = 1$$

[7] $n=9$일 때

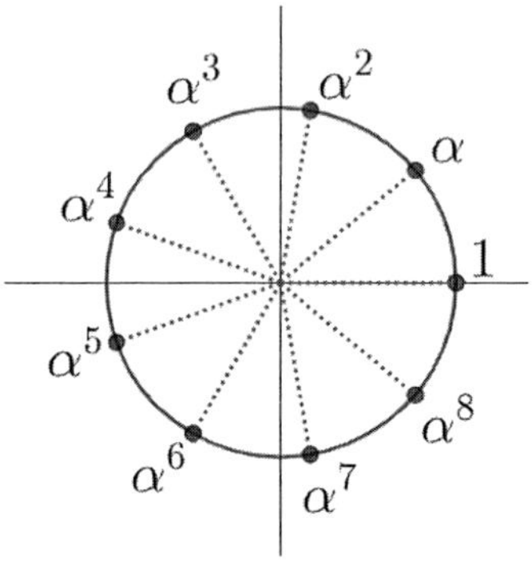

1의 9제곱근

$=\{1,\alpha,\alpha^2,\alpha^3,\alpha^4,\alpha^5,\alpha^6,\alpha^7,\alpha^8\}$

1의 원시 9제곱근

$=\{\alpha,\alpha^2,\alpha^4,\alpha^5,\alpha^7,\alpha^8\}$

$\alpha=e^{\frac{2\pi}{9}i}=\cos\frac{2}{9}\pi+isin\frac{2}{9}\pi$

① 1의 9제곱근의 합은 0이다.

$$1+\alpha+\alpha^2+\alpha^3+\alpha^4+\alpha^5+\alpha^6+\alpha^7+\alpha^8=\frac{1-\alpha^9}{1-\alpha}=\frac{0}{1-\alpha}=0$$

② 1의 9제곱근의 곱은 1이다.

$$1\cdot\alpha\cdot\alpha^2\cdot\alpha^3\cdot\alpha^4\cdot\alpha^5\cdot\alpha^6\cdot\alpha^7\cdot\alpha^8=\alpha^{36}=(\alpha^9)^4=1$$

③ 1의 원시 9제곱근의 합은 $\mu(9)$이다.

a^3은 $\omega=-\frac{1}{2}+\frac{\sqrt{3}}{2}i$ 와 같다. 따라서 $1+\alpha^3+\alpha^6=0$ 이다.

$a(1+\alpha^3+\alpha^6)=\alpha+\alpha^4+\alpha^7=0$ 이고

$a^2(1+\alpha^3+\alpha^6)=\alpha^2+\alpha^5+\alpha^8=0$ 이므로

$\alpha+\alpha^2+\alpha^4+\alpha^5+\alpha^7+\alpha^8=0=\mu(9)$ 이다.

④ 1의 원시 9제곱근의 곱은 1이다.

$$\alpha\cdot\alpha^2\cdot\alpha^4\cdot\alpha^5\cdot\alpha^7\cdot\alpha^8=1$$

Chapter 2.

2.1 원분다항식

2장에서는 원분다항식을 여러가지 방법으로 일반화해보고, 각각의 경우에 대한 간단한 예를 계산해본다. 각 다항식의 기약성에 관한 증명은 4장에서 다룬다.

방정식 $x^n - 1 = 0$은 n개의 1의 n제곱근을 해로 갖는다.

즉, $x^n - 1 = \prod_{1 \le k \le n} (x - \alpha^k)$, $\alpha = e^{\frac{2\pi i}{n}}$ 이다.

원분다항식 $\Phi_n(x)$는 1의 원시 n제곱근을 해로 갖는 다항식이다.

즉, $\Phi_n(x) = \prod_{\substack{1 \le k \le n \\ (n,k)=1}} (x - \alpha^k)$이다.

원분다항식 $\Phi_n(x)$의 중요한 성질은 다음과 같다.

① 원분다항식의 계수는 모두 정수이다.

② 원분다항식은 유리수체 위에서 기약이다.

③ 원분다항식 $\Phi_n(x)$의 차수는 $\phi(n)$이다.

④ $x^n - 1 = \prod_{d|n} \Phi_d(x)$

⑤ 원분다항식 $\Phi_n(x)$는 유리수체 위에서 $\alpha = e^{\frac{2\pi i}{n}}$의 최소다항식이다.

연습문제 (1)

원분다항식 $\Phi_n(x)$가 정수계수 다항식임을 증명하시오.

(i) $\mathbb{Z}[x]$의 나눗셈알고리즘을 이용하는 방법

(ii) 4장의 정리를 이용하는 방법

연습문제 (2)

원분다항식 $\Phi_n(x)$가 기약다항식임을 증명하시오.

연습문제 (3)

$n \geq 1$인 자연수일 때, $x^n - 1 = \prod_{d \mid n} \Phi_d(x)$를 증명하시오.

힌트

① 1의 n제곱근은 n개 이다.

② 1의 원시 n제곱근은 $\phi(n)$개 이다.

③ $n = \sum_{d \mid n} \phi(d)$ ④ $n = \sum_{d \mid n} |S_d|$ ⑤ $|S_d| \leq \phi(d)$

⑥ $d \mid n$ 에 대하여 $|S_d| = \phi(d)$ 이다.

⑦ $x^n - 1 = \prod_{d \mid n} \Phi_d(x)$

(S_d는 1의 n제곱근 중에서 위수가 d인 것의 집합이다.)

③의 (증명) $T = \{1, 2, \cdots, n\}$ 안에서 n과 최대공약수가 d인 원소의

집합을 C_d라고 하자. 즉, $C_d = \{x \in T \mid (n,x) = d\}$이다. $(n,x) = d$이면, $\left(\frac{n}{d}, \frac{x}{d}\right) = 1$이 성립한다. 따라서 C_d의 원소의 개수, $|C_d| = \phi\left(\frac{n}{d}\right)$이다. $\sum_{d \mid n} \phi\left(\frac{n}{d}\right) = \sum_{d \mid n} \phi(d)$이므로 $n = \sum_{d \mid n} \phi(d)$이 성립한다.

이제 원분다항식 $\Phi_n(x)$을 구해보자.

[1] $n = 1$인 경우

1의 원시 1제곱근은 1이므로 $\Phi_1(x) = x - 1$이다.

[2] $n = 2$인 경우

1의 원시 2제곱근은 -1이므로 $\Phi_2(x) = x - (-1) = x + 1$이다.

[3] $n = 3$인 경우

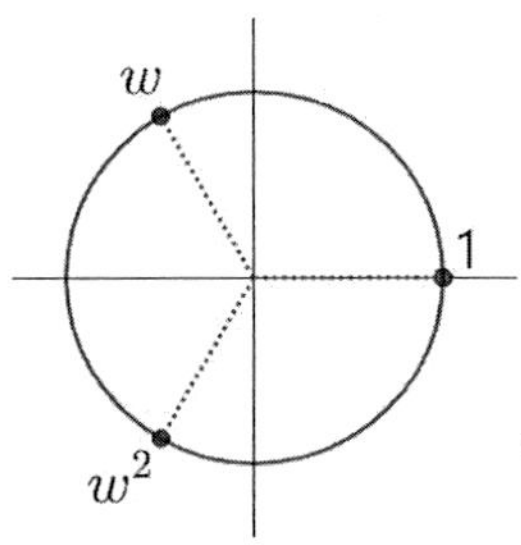

$w = -\frac{1}{2} + \frac{\sqrt{3}}{2}i$

1의 원시 3제곱근은 w, w^2이므로 원분다항식 $\Phi_3(x)$는 다음과 같이 계산하여 구할 수 있다.

$$\Phi_3(x) = (x - w)(x - w^2)$$

$$= x^2 - (w + w^2)x + w^3$$
$$= x^2 + x + 1$$

또는 ④ $x^n - 1 = \prod_{d|n} \Phi_d(x)$의 성질을 이용하면,

$x^3 - 1 = \Phi_1(x)\Phi_3(x) = (x-1)\Phi_3(x)$이다.

그러므로 $\Phi_3(x)$는 $x^3 - 1$을 $x - 1$로 나누어서 그 결과로 $x^2 + x + 1$을 얻는다.

[4] $n = 4$인 경우

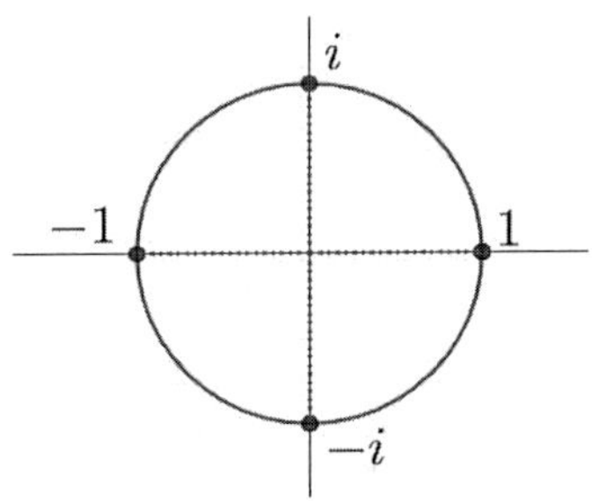

1의 원시 4제곱근은 $i, -i$이므로 원분다항식 $\Phi_4(x)$는 다음과 같이 계산하여 구할 수 있다.

$$\Phi_4(x) = (x - i)(x + i) = x^2 + 1$$

또는 ④ $x^n - 1 = \prod_{d|n} \Phi_d(x)$의 성질을 이용하면,

$x^4 - 1 = \Phi_1(x)\Phi_2(x)\Phi_4(x) = (x-1)(x+1)\Phi_4(x)$이다. 그러므로 $x^4 - 1$을 $x^2 - 1$로 나누면 $\Phi_4(x) = x^2 + 1$을 얻는다.

[5] $n=5$인 경우

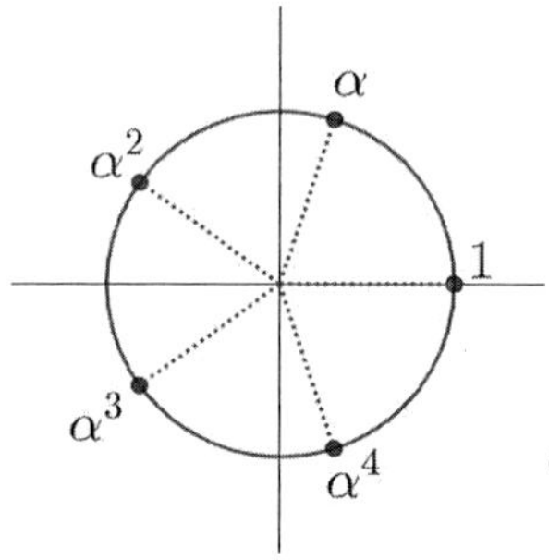

$\alpha=e^{\frac{2\pi i}{5}},\ \alpha+\alpha^2+\alpha^3+\alpha^4=-1$

1의 원시 5제곱근은 $\alpha, \alpha^2, \alpha^3, \alpha^4$이므로 아래 식을 계산한다.

$$
\begin{aligned}
\Phi_5(x) &= (x-\alpha)(x-\alpha^2)(x-\alpha^3)(x-\alpha^4) \\
&= (x-\alpha)(x-\alpha^4)(x-\alpha^2)(x-\alpha^3) \\
&= \{x^2-(\alpha+\alpha^4)x+\alpha^5\}\{x^2-(\alpha^2+\alpha^3)x+\alpha^5\} \\
&= x^4-(\alpha+\alpha^2+\alpha^3+\alpha^4)x^3+\{2\alpha^5+(\alpha^2+\alpha^3)(\alpha+\alpha^4)\}x^2 \\
&\qquad -\alpha^5(\alpha+\alpha^2+\alpha^3+\alpha^4)x+\alpha^{10}
\end{aligned}
$$

위 식에 $\alpha+\alpha^2+\alpha^3+\alpha^4=-1$, $\alpha^5=1$을 대입하면 상수항과 1차항, 3차항의 계수가 모두 1이 되는 것을 확인할 수 있다.

2차항의 계수 $2\alpha^5+(\alpha^2+\alpha^3)(\alpha+\alpha^4)$를 계산해보면

$$
\begin{aligned}
2\alpha^5+(\alpha^2+\alpha^3)(\alpha+\alpha^4) &= 2+\alpha^3+\alpha^6+\alpha^4+\alpha^7 \\
&= 2+\alpha^3+\alpha+\alpha^4+\alpha^2 = 2+(-1)=1
\end{aligned}
$$

따라서 $\Phi_5(x)=x^4+x^3+x^2+x+1$ 이다.

계산이 다소 복잡하므로 ④의 성질을 이용하여 구해보자.

$$\begin{aligned} x^5 - 1 &= \prod_{d \mid 5} \Phi_d(x) \\ &= \Phi_1(x) \cdot \Phi_5(x) \\ &= (x-1) \cdot \Phi_5(x) \end{aligned}$$

따라서 $\Phi_5(x) = x^4 + x^3 + x^2 + x + 1$ 이다.

[6] $n = 6$인 경우

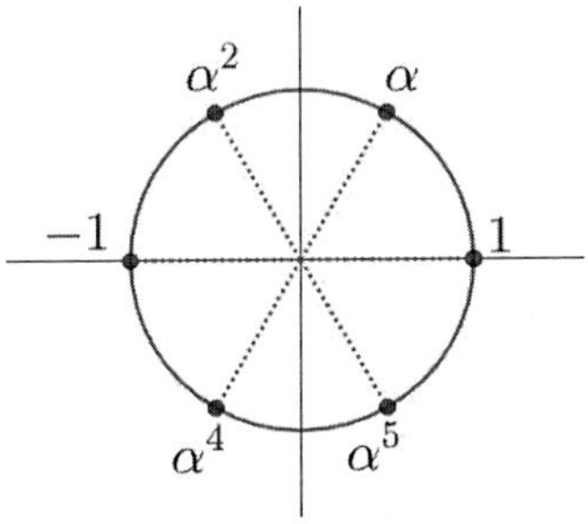

$$\alpha = \frac{1}{2} + \frac{\sqrt{3}}{2} i$$

$$\alpha^5 = \frac{1}{2} - \frac{\sqrt{3}}{2} i$$

1의 원시 6제곱근은 α, α^5이므로 아래 식을 계산한다.

$$\begin{aligned} \Phi_6(x) &= (x-\alpha)(x-\alpha^5) \\ &= x^2 - (\alpha + \alpha^5)x + \alpha^6 \\ &= x^2 - \left(\frac{1}{2} + \frac{\sqrt{3}}{2} i + \frac{1}{2} - \frac{\sqrt{3}}{2} i\right)x + 1 \\ &= x^2 - x + 1 \end{aligned}$$

④의 성질을 이용하여 $\Phi_6(x)$를 구해보자.

$$x^6 - 1 = \Phi_1(x)\Phi_2(x)\Phi_3(x)\,\Phi_6(x)$$
$$= (x-1)(x+1)(x^2+x+1)\Phi_6(x)$$

$(x-1)(x+1)(x^2+x+1)$를 계산하면 x^4+x^3-x-1이다. 따라서 x^6-1을 x^4+x^3-x-1로 나누면 $\Phi_6(x)=x^2-x-1$이다.

[7] $n=7$인 경우 원분다항식 $\Phi_n(x)$을 구해보자.

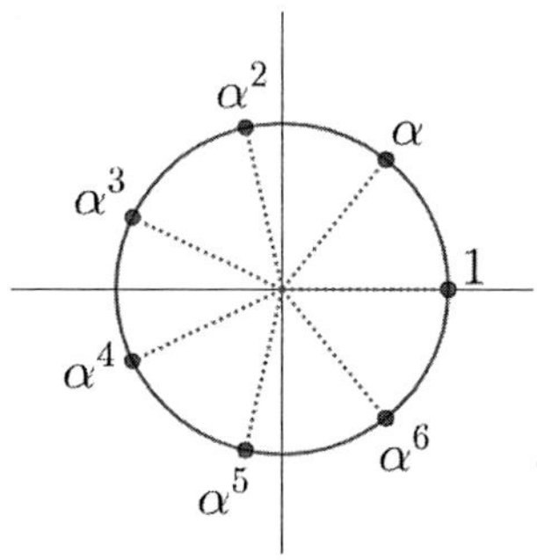

$\alpha = e^{\frac{2\pi i}{7}}$

1의 원시 7제곱근은 $\alpha, \alpha^2, \alpha^3, \alpha^4, \alpha^5, \alpha^6$ 이다. 계산을 위해 ④의 성질을 이용하면

$$x^7 - 1 = \prod_{d|7}\Phi_d(x)$$
$$= \Phi_1(x)\cdot\Phi_7(x)$$
$$= (x-1)\cdot\Phi_7(x)$$

따라서 $\Phi_7(x) = x^6+x^5+x^4+x^3+x^2+x+1$ 이다.

연습문제 (4)

7제곱근의 성질 $\alpha^7 = 1$, $\alpha + \alpha^2 + \alpha^3 + \alpha^4 + \alpha^5 + \alpha^6 = -1$을 이용하여 7차 원분다항식

$$\Phi_7(x) = (x-\alpha)(x-\alpha^2)(x-\alpha^3)(x-\alpha^4)(x-\alpha^5)(x-\alpha^6)$$

을 계산하시오. 이 계산을 하려면 위 등식의 우변을 모두 전개해야 한다.

[8] $n = 8$인 경우

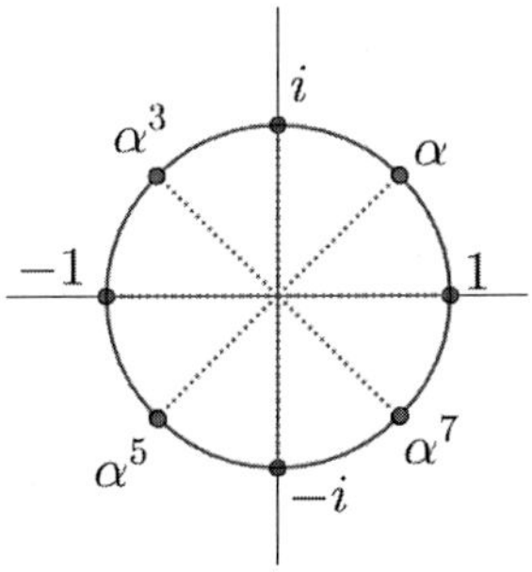

$$\alpha = \frac{1}{\sqrt{2}} + \frac{1}{\sqrt{2}}i, \qquad \alpha^2 = i,$$

$$\alpha^3 = -\frac{1}{\sqrt{2}} + \frac{1}{\sqrt{2}}i, \qquad \alpha^4 = -1$$

$$\alpha^5 = -\frac{1}{\sqrt{2}} - \frac{1}{\sqrt{2}}i, \qquad \alpha^6 = -i$$

$$\alpha^7 = \frac{1}{\sqrt{2}} - \frac{1}{\sqrt{2}}i, \qquad \alpha^8 = 1$$

원시 8제곱근 $\alpha,\alpha^3,\alpha^5,\alpha^8$을 근으로 가지는 4차 다항식 $\Phi_8(x)=(x-\alpha)(x-\alpha^3)(x-\alpha^5)(x-\alpha^7)$이 8차 원분다항식이다.

이를 계산해보면

$$\begin{aligned}\Phi_8(x) &= (x-\alpha)(x-\alpha^3)(x-\alpha^5)(x-\alpha^7)\\ &= (x-\alpha)(x-\alpha^7)(x-\alpha^5)(x-\alpha^3)\\ &= \{x^2-(\alpha+\alpha^7)x+\alpha^8\}\{x^2-(\alpha^5+\alpha^3)x+\alpha^8\}\\ &= \left\{x^2-(\frac{2}{\sqrt{2}})x+1\right\}\left\{x^2-(-\frac{2}{\sqrt{2}})x+1\right\}\\ &= (x^2+1)^2-(\sqrt{2}\,x)^2\\ &= x^4+2x^2+1-2x^2\\ &= x^4+1\end{aligned}$$

8차 원분다항식을 구하는 다른 방법

원분다항식의 성질 ④를 이용하면

$$\begin{aligned}x^8-1 &= \prod_{d|8}\Phi_d(x)\\ &= \Phi_1(x)\cdot\Phi_2(x)\cdot\Phi_4(x)\cdot\Phi_8(x)\\ &= (x-1)(x+1)(x^2+1)\Phi_8(x)\end{aligned}$$

따라서 $\Phi_8(x)=x^4+1$ 이다.

연습문제 (5)

9차 원분다항식 $\Phi_9(x)$를 구하시오.

힌트 $x^9 - 1 = \Phi_1(x) \cdot \Phi_3(x) \cdot \Phi_9(x)$

연습문제 (6)

10차 원분다항식 $\Phi_{10}(x)$를 구하시오.

힌트 $x^{10} - 1 = \Phi_1(x) \cdot \Phi_2(x) \cdot \Phi_5(x) \cdot \Phi_{10}(x)$

2.2 준원분다항식

일반적으로 1의 원시 n제곱근은 서로 켤레인 것끼리 짝지을 수 있다. 즉, 실수축을 대칭축으로 하여 서로 대칭인 것이 존재한다.

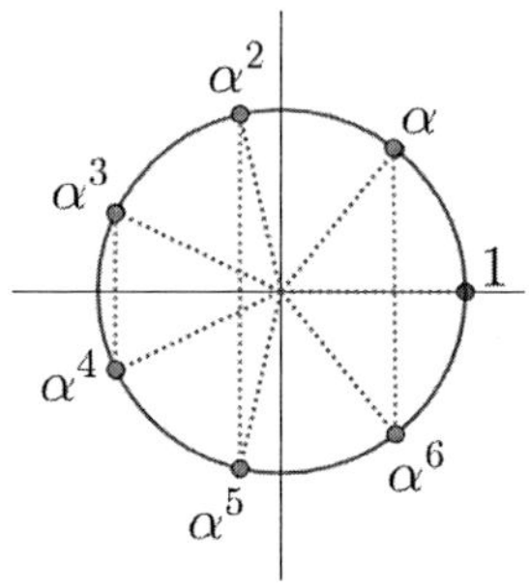

예를 들어, $n=7$인 경우를 보면 α와 α^6, α^2과 α^5, α^3과 α^4는 서로 켤레이고, 실수축을 중심으로 대칭이다.

우리는 $b_1=\alpha+\alpha^6$, $b_2=\alpha^2+\alpha^5$, $b_3=\alpha^3+\alpha^4$를 이용하여 준원분다항식 $J_7(x)=(x-b_1)(x-b_2)(x-b_3)$를 만들 수 있고, 이 경우도 원분다항식과 마찬가지로 모두 정수 계수이며 유리수체 위에서 기약임을 확인할 수 있다.

곱셈군 $\mathbb{Z}_n^*$는 $\{r_1, r_2, \cdots, r_t, -r_1, -r_2, \cdots, -r_t\}$으로 쓸 수 있다.

여기서 $t=\frac{1}{2}\phi(n)$, $(n,r_i)=1$이다.

$$b_i(i=1,\cdots,t)\text{는} \begin{cases} b_1=\alpha^{r_1}+\alpha^{-r_1}=2\cos\left(\frac{2\pi}{n}r_1\right) \\ b_2=\alpha^{r_2}+\alpha^{-r_2}=2\cos\left(\frac{2\pi}{n}r_2\right) \\ \vdots \\ b_t=\alpha^{r_t}+\alpha^{-r_t}=2\cos\left(\frac{2\pi}{n}r_t\right) \end{cases} \text{로 정의한다.}$$

모든 b_i는 서로 켤레인 두 수의 합이므로 허수부는 없고, 실수부만 있다.

준원분다항식 $J_n(x)=(x-b_1)(x-b_2)\cdots(x-b_t)$로 정의한다.

준원분다항식 $J_n(x)$의 중요한 성질은 다음과 같다.

① 준원분다항식의 계수는 모두 정수이다.

② 준원분다항식은 유리수체 위에서 기약이다.

③ 준원분다항식 $J_n(x)$의 차수는 $\frac{1}{2}\phi(n)$이다.

④ 준원분다항식은 유리수체 위에서 $b_1=\alpha+\alpha^{-1}=2\cos\left(\frac{2\pi}{n}\right)$의 최소다항식이다.

연습문제 (1)

준원분다항식 $J_n(x)$가 정수계수 다항식임을 증명하시오.

힌트 정리 4.1.2

연습문제 (2)

준원분다항식 $J_n(x)$가 기약다항식임을 증명하시오.

힌트 ① $(0,\pi)$ 구간에서 cosine함수는 일대일대응 함수이다.

힌트 ② 정리 4.1.3

이제 작은 자연수 n에 대하여 준원분다항식을 구해보자.

그리고 실제로 준원분다항식의 일반적인 성질을 모두 만족시키는지 확인해보자.

[1] $n=3$일 때 준원분다항식 $J_n(x)$를 구해보자.

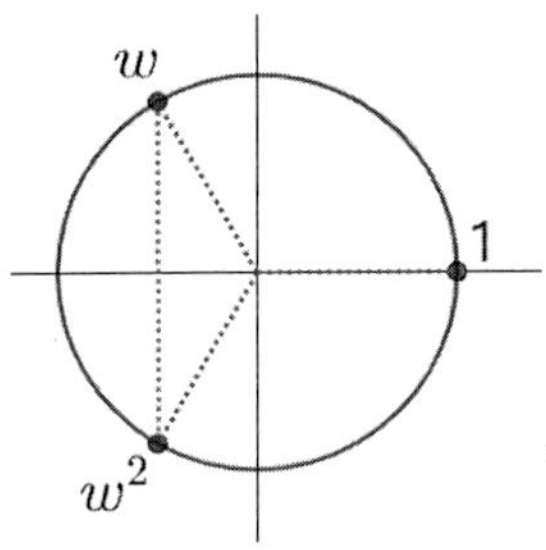

$$w=-\frac{1}{2}+\frac{\sqrt{3}}{2}i$$

곱셈군 $\mathbb{Z}_3^* = \{1,2\}$이므로 $b_1 = w+w^{-1}$로 정의한다.

$$b_1=\left(-\frac{1}{2}+\frac{\sqrt{3}}{2}i\right)+\left(-\frac{1}{2}-\frac{\sqrt{3}}{2}i\right)=-1$$

따라서 $J_3(x)=(x-b_1)=x+1$

① 3차 준원분다항식 $J_3(x)=x+1$의 계수는 모두 정수이다.

② $J_3(x)=x+1$는 유리수체 위에서 기약이다.

③ $J_3(x)=x+1$의 차수는 $1=\frac{1}{2}\phi(3)$이다.

④ $J_3(x)=x+1$는 $b_1=w+w^{-1}=2\cos\left(\frac{2\pi}{3}\right)$의 최소다항식이다.

[2] $n=4$일 때 준원분다항식 $J_n(x)$를 구해보자.

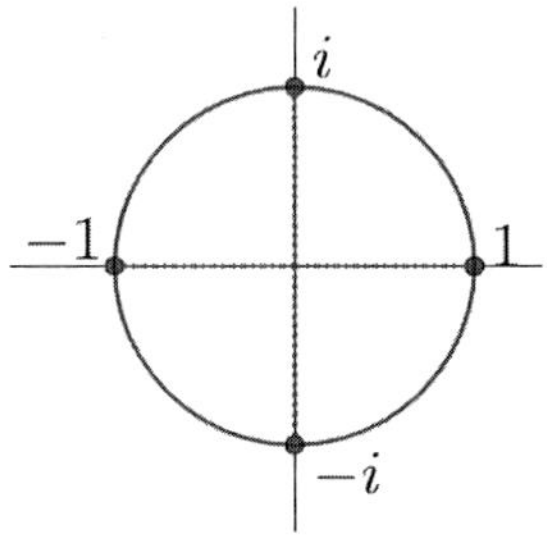

곱셈군 $\mathbb{Z}_4^* = \{1,3\}$이므로 $b_1 = i+(-i)=0$로 정의한다.

따라서 $J_4(x)=(x-b_1)=x$

① 4차 준원분다항식 $J_4(x)=x$의 계수는 모두 정수이다.

② $J_4(x)=x$는 유리수체 위에서 기약이다.

③ $J_4(x)=x$의 차수는 $1=\frac{1}{2}\phi(2)$이다.

④ $J_4(x)=x$는 $b_1=i+(-i)=0$의 최소다항식이다.

[3] $n=5$일 때 준원분다항식 $J_n(x)$를 구해보자.

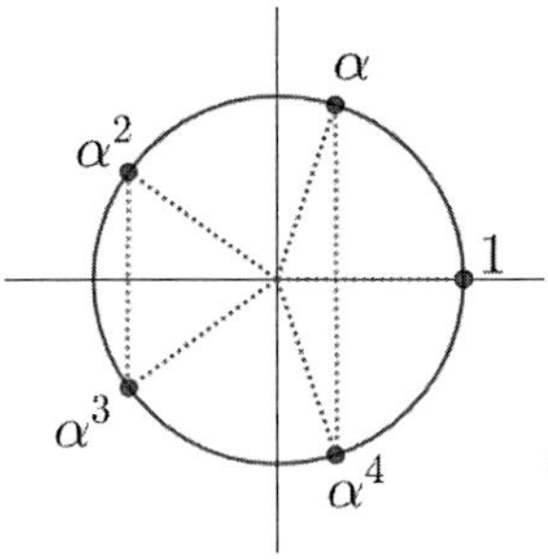

$\alpha = e^{\frac{2\pi i}{5}},\ \alpha+\alpha^2+\alpha^3+\alpha^4=-1$

곱셈군 $\mathbb{Z}_5^* = \{1,2,3,4\}$이므로

$$b_1 = \alpha + \alpha^4$$

$b_2 = \alpha^2 + \alpha^3$ 으로 정의한다.

따라서 $J_5(x) = (x - b_1)(x - b_2)$

$$= x^2 - (b_1 + b_2)x + b_1 b_2$$

$$= x^2 - (\alpha + \alpha^4 + \alpha^2 + \alpha^3)x + (\alpha + \alpha^4)(\alpha^2 + \alpha^3)$$

$$= x^2 + x - 1$$

① 5차 준원분다항식 $J_5(x) = x^2 + x - 1$의 계수는 모두 정수이다.

② $J_5(x) = x^2 + x - 1$는 유리수체 위에서 기약이다.

③ $J_5(x) = x^2 + x - 1$의 차수는 $2 = \frac{1}{2}\phi(5)$이다.

④ $J_5(x) = x^2 + x - 1$는 $b_1 = \alpha + \alpha^4 = 2\cos\left(\frac{2\pi}{5}\right)$의 최소다항식이다.

[4] $n = 6$일 때 준원분다항식 $J_n(x)$를 구해보자.

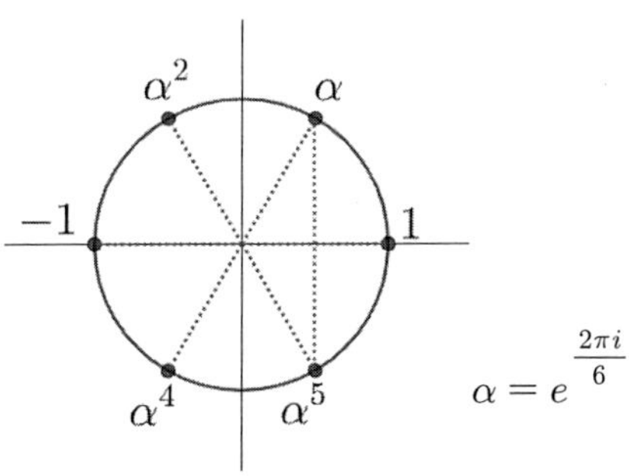

곱셈군 $\mathbb{Z}_6^* = \{1,5\}$이므로

$b_1 = \alpha + \alpha^5 = \left(\frac{1}{2} + \frac{\sqrt{3}}{2}i\right) + \left(\frac{1}{2} - \frac{\sqrt{3}}{2}i\right) = 1$으로 정의한다.

따라서 $J_6(x) = (x - b_1) = x - 1$

① 6차 준원분다항식 $J_6(x) = x - 1$의 계수는 모두 정수이다.

② $J_6(x) = x - 1$는 유리수체 위에서 기약이다.

③ $J_6(x) = x - 1$의 차수는 $1 = \frac{1}{2}\phi(6)$이다.

④ $J_6(x) = x - 1$는 $b_1 = \alpha + \alpha^5 = 2\cos\left(\frac{2\pi}{6}\right) = 1$의 최소다항식이다.

[5] $n = 7$일 때 준원분다항식 $J_n(x)$를 구해보자.

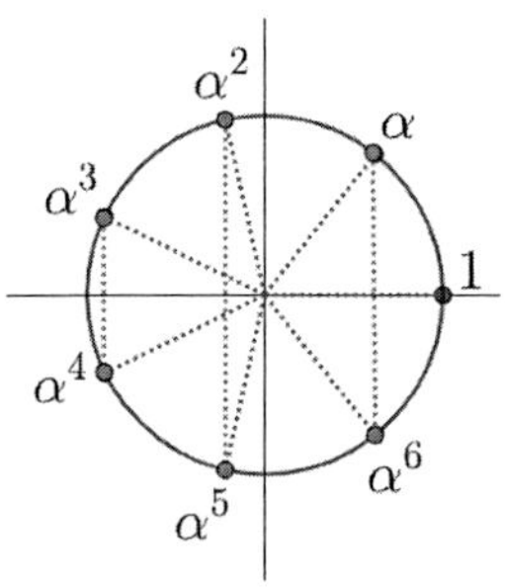

$\alpha = e^{\frac{2\pi i}{7}}$ $\alpha + \alpha^2 + \alpha^3 + \alpha^4 + \alpha^5 + \alpha^6 = -1$

$\alpha^7 = 1$

곱셈군 $\mathbb{Z}_7^* = \{1,2,3,4,5,6\}$이므로

$b_1 = \alpha + \alpha^6$, $b_2 = \alpha^2 + \alpha^5$, $b_3 = \alpha^3 + \alpha^4$으로 정의한다.

따라서

$$
\begin{aligned}
J_7(x) &= (x-b_1)(x-b_2)(x-b_3) \\
&= x^3-(b_1+b_2+b_3)x^2+(b_1b_2+b_2b_3+b_3b_1)x-b_1b_2b_3 \\
&= x^3-(\alpha+\alpha^6+\alpha^2+\alpha^5+\alpha^3+\alpha^4)x^2 \\
&+\{(\alpha+\alpha^6)(\alpha^2+\alpha^5)+(\alpha^2+\alpha^5)(\alpha^3+\alpha^4)+(\alpha^3+\alpha^4)(\alpha+\alpha^6)\}x \\
&-(\alpha+\alpha^6)(\alpha^2+\alpha^5)(\alpha^3+\alpha^4) \\
&= x^3+x^2 \\
&+(\alpha^3+\alpha^6+\alpha^8+\alpha^{11}+\alpha^5+\alpha^6+\alpha^8+\alpha^9+\alpha^4+\alpha^9+\alpha^5+\alpha^{10})x \\
&-(\alpha^3+\alpha^6+\alpha^8+\alpha^{11})(\alpha^3+\alpha^4) \\
&= x^3+x^2 \\
&+(\alpha^3+\alpha^6+\alpha+\alpha^4+\alpha^5+\alpha^6+\alpha+\alpha^2+\alpha^4+\alpha^2+\alpha^5+\alpha^3)x \\
&-(\alpha^6+\alpha^9+\alpha^{11}+\alpha^{14}+\alpha^7+\alpha^{10}+\alpha^{12}+\alpha^{15}) \\
&= x^3+x^2-2x-1
\end{aligned}
$$

[6] $n=8$일 때 준원분다항식 $J_n(x)$를 구해보자.

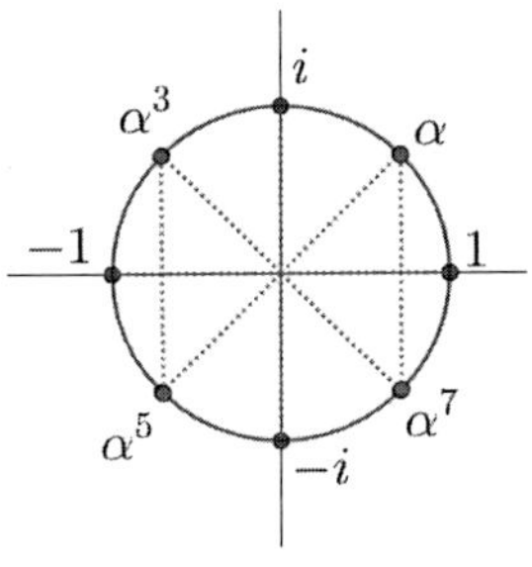

$$
\alpha=\frac{1}{\sqrt{2}}+\frac{1}{\sqrt{2}}i, \qquad \alpha^2=i,
$$

$$
\alpha^3=-\frac{1}{\sqrt{2}}+\frac{1}{\sqrt{2}}i, \quad \alpha^4=-1
$$

$$
\alpha^5=-\frac{1}{\sqrt{2}}-\frac{1}{\sqrt{2}}i, \quad \alpha^6=-i
$$

$$
\alpha^7=\frac{1}{\sqrt{2}}-\frac{1}{\sqrt{2}}i, \qquad \alpha^8=1
$$

곱셈군 $\mathbb{Z}_8^* = \{1,3,5,7\}$이므로

$$b_1 = \alpha + \alpha^7 = \left(\frac{1}{\sqrt{2}} + \frac{1}{\sqrt{2}}i\right) + \left(\frac{1}{\sqrt{2}} - \frac{1}{\sqrt{2}}i\right) = \sqrt{2}$$

$$b_2 = \alpha^3 + \alpha^5$$

$$= \left(-\frac{1}{\sqrt{2}} + \frac{1}{\sqrt{2}}i\right) + \left(-\frac{1}{\sqrt{2}} - \frac{1}{\sqrt{2}}i\right) = -\sqrt{2}$$

으로 정의한다.

따라서 $J_8(x) = (x - b_1)(x - b_2)$

$= (x - \sqrt{2})(x + \sqrt{2})$

$= x^2 - 2$ 이다.

[7] $n = 9$일 때 준원분다항식 $J_n(x)$를 구해보자.

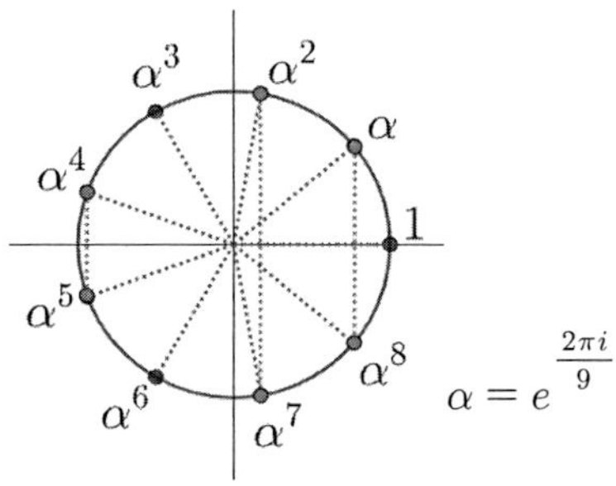

곱셈군 $\mathbb{Z}_9^* = \{1,2,4,5,7,8\}$이므로

$$b_1 = \alpha + \alpha^8$$

$$b_2 = \alpha^2 + \alpha^7$$

$$b_3 = \alpha^4 + \alpha^5$$

라고 정의하자.

그리고 다음 관계를 이용하여 $J_9(x)$를 계산해보자.

$$\alpha^9 = 1,\ \alpha^6 + \alpha^3 + 1 = 0$$

(원분다항식 $\Phi_9(x) = x^6 + x^3 + 1$에 $x = \alpha$를 대입한 것)

$$\alpha + \alpha^2 + \alpha^4 + \alpha^5 + \alpha^7 + \alpha^8 = 0$$

(1의 원시 n제곱근의 합은 $\mu(n)$에 $n = 9$를 대입한 것)

$$J_9(x) = (x - b_1)(x - b_2)(x - b_3)$$

$$= x^3 - (b_1 + b_2 + b_3)x^2 + (b_1b_2 + b_2b_3 + b_3b_1)x - b_1b_2b_3$$

$$= x^3 - (\alpha + \alpha^8 + \alpha^2 + \alpha^7 + \alpha^4 + \alpha^5)x^2$$

$$+ \{(\alpha + \alpha^8)(\alpha^2 + \alpha^7) + (\alpha^2 + \alpha^7)(\alpha^4 + \alpha^5) + (\alpha^4 + \alpha^5)(\alpha + \alpha^8)\}x$$

$$- (\alpha + \alpha^8)(\alpha^2 + \alpha^7)(\alpha^4 + \alpha^5) = x^3$$

$$+ (\alpha^3 + \alpha^8 + \alpha^{10} + \alpha^{15} + \alpha^6 + \alpha^7 + \alpha^{11} + \alpha^{12} + \alpha^5 + \alpha^{12} + \alpha^6 + \alpha^{13})x$$

$$- (\alpha^3 + \alpha^{10} + \alpha^8 + \alpha^{15})(\alpha^4 + \alpha^5) = x^3$$

$$+ (\alpha^3 + \alpha^8 + \alpha + \alpha^6 + \alpha^6 + \alpha^7 + \alpha^2 + \alpha^3 + \alpha^5 + \alpha^3 + \alpha^6 + \alpha^4)x$$

$$- (\alpha^7 + \alpha^{14} + \alpha^{12} + \alpha^{19} + \alpha^8 + \alpha^{15} + \alpha^{13} + \alpha^{20})$$

$$= x^3 + \{(\alpha + \alpha^2 + \alpha^4 + \alpha^5 + \alpha^7 + \alpha^8) + 3(\alpha^3 + \alpha^6)\}x$$

$$- \{(\alpha + \alpha^2 + \alpha^4 + \alpha^5 + \alpha^7 + \alpha^8) + (\alpha^3 + \alpha^6)\}$$

$$= x^3 - 3x + 1$$

연습문제 (3)

7차 준원분다항식 $J_7(x)$를 구하시오.

연습문제 (4)

10차 준원분다항식 $J_{10}(x)$를 구하시오.

힌트 $\alpha = e^{\frac{2\pi i}{10}}$일 때, $\alpha^5 = -1$, $\alpha^{10} = 1$이고

$\alpha^4 - \alpha^3 + \alpha^2 - \alpha + 1 = 0$이다. 이 관계식을 이용하여 $J_{10}(x)$을 계산할 수 있다.

(원분다항식 $\Phi_{10}(x) = x^4 - x^3 + x^2 - x + 1$에 $x = \alpha$를 대입한 것)

연습문제 (5)

11차 준원분다항식 $J_{11}(x)$를 구하시오.

2.3 변형된 준원분다항식

준원분다항식은 서로 공액인 1의 원시 n제곱근의 합을 근으로 하는 다항식이다. n이 4의 배수이고 8이상인 자연수인 경우, 서로 수평적 켤레인 1의 원시 제곱근이 존재한다. 이때 수평적 켤레의 합을 이용하여 변형된 준원분다항식을 정의할 수 있다.

$n=8$일 때와 $n=16$일 때, $\mathbb{Z}_n^*$의 원소를 다음과 같이 그릴 수 있다.

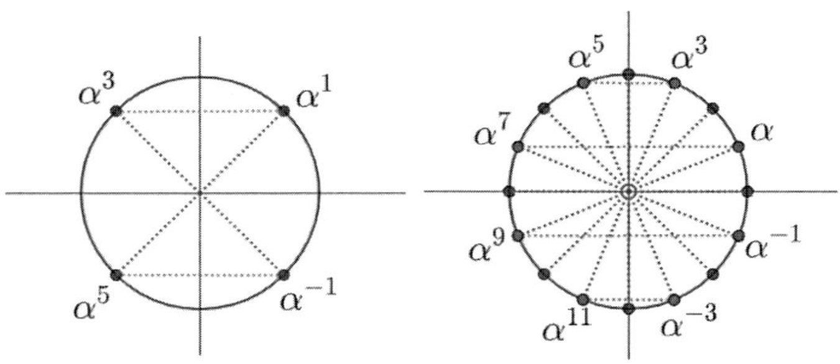

$n=8$인 경우, $\mathbb{Z}_8^*$의 원소 중에서 α^1과 α^3, α^{-1}과 α^5가 서로 수평적 켤레인 원소이다.

$n=16$인 경우, $\mathbb{Z}_{16}^*$의 원소 중에서 α^1과 α^7, α^3과 α^5, α^{-1}과 α^9, α^{-3}과 α^{11}이 서로 수평적 켤레를 이룬다.

일반적으로 n이 8이상인 4의 배수이면 $\mathbb{Z}_n^*$은 다음과 같이 나타낼 수 있다.

$$\begin{cases} r_1, r_2, \ldots, r_t, & \frac{n}{2}-r_1, \cdots, \frac{n}{2}-r_t \\ -r_1, -r_2, \ldots, -r_t, & \frac{n}{2}+r_1, \cdots, \frac{n}{2}+r_t \end{cases}$$

여기서 $t = \frac{n}{8} - 1$이다.

변형된 준원분다항식 $J_n^*(x)$은 다음과 같이 정의한다.

$$J_n^*(x) = (x-b_1)\cdots(x-b_t)(x-b_{t+1})\cdots(x-b_{2t})$$

이때, $\begin{cases} b_1 = \alpha^{r_1} + \alpha^{\frac{n}{2}-r_1} \\ b_2 = \alpha^{r_2} + \alpha^{\frac{n}{2}-r_2} \\ \quad\vdots \\ b_t = \alpha^{r_t} + \alpha^{\frac{n}{2}-r_t} \\ b_{t+1} = \alpha^{-r_1} + \alpha^{\frac{n}{2}+r_1} \\ b_{t+2} = \alpha^{-r_2} + \alpha^{\frac{n}{2}+r_2} \\ \quad\vdots \\ b_{2t} = \alpha^{-r_t} + \alpha^{\frac{n}{2}+r_t} \end{cases}$

여기서 모든 b_i는 서로 수평적 켤레인 두 수의 합이므로 실수부가 없고 허수부만 갖는 복소수이다.

변형된 준원분다항식 $J_n^*(x)$의 중요한 성질은 다음과 같다.

① 변형된 준원분다항식의 계수는 모두 정수이다.

② 변형된 준원분다항식은 유리수체 위에서 기약이다.

③ 변형된 준원분다항식 $J_n^*(x)$의 차수는 $\frac{1}{2}\phi(n)$이다.

④ 변형된 준원분다항식은 유리수체 위에서

$b_1 = \alpha + \alpha^{\frac{n}{2}-1} = 2\sin\left(\frac{2\pi}{n}\right)i$의 최소다항식이다.

연습문제 (1)

변형된 준원분다항식 $J_n(x)^*$가 정수계수 다항식임을 증명하시오.

힌트 정리 4.1.2

연습문제 (2)

변형된 준원분다항식 $J_n(x)^*$가 기약다항식임을 증명하시오.

힌트 ① $\left(-\frac{\pi}{2}, \frac{\pi}{2}\right)$ 구간에서 sine함수는 일대일대응 함수이다.

힌트 ② 정리 4.1.3

[1] $n=8$일 때 변형된 준원분다항식 $J_n^*(x)$를 구해보자.

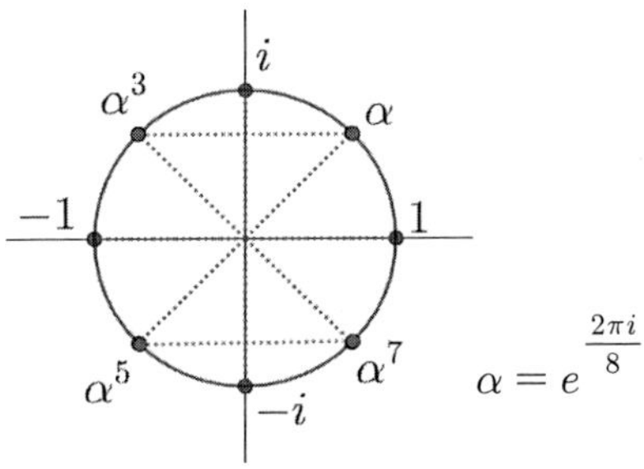

곱셈군 $\mathbb{Z}_8^* = \{1,3,5,7\}$과 부분군 $H=\{1,3\}$에 대하여 잉여류 $5H=\{5,7\}$를 얻을 수 있다.

$\alpha = e^{\frac{2\pi i}{8}}$에 대해

$$b_1 = \alpha + \alpha^3 = \left(\frac{1}{\sqrt{2}} + \frac{1}{\sqrt{2}}i\right) + \left(-\frac{1}{\sqrt{2}} + \frac{1}{\sqrt{2}}i\right) = \sqrt{2}\,i$$

$$b_2=\alpha^5+\alpha^7=\left(-\frac{1}{\sqrt{2}}-\frac{1}{\sqrt{2}}i\right)+\left(\frac{1}{\sqrt{2}}-\frac{1}{\sqrt{2}}i\right)=-\sqrt{2}\,i$$

라고 정의할 수 있다.

이제 b_1과 b_2를 대입해서 J_8^*를 계산해보자.

$$\begin{aligned}J_8^*(x)&=(x-b_1)(x-b_2)\\&=\{x-(\alpha+\alpha^3)\}\{x-(\alpha^5+\alpha^7)\}\\&=(x-\sqrt{2}\,i)(x+\sqrt{2}\,i)\\&=x^2+2 \text{ 이다.}\end{aligned}$$

[2] $n=12$일 때 변형된 준원분다항식 $J_n^*(x)$를 구해보자.

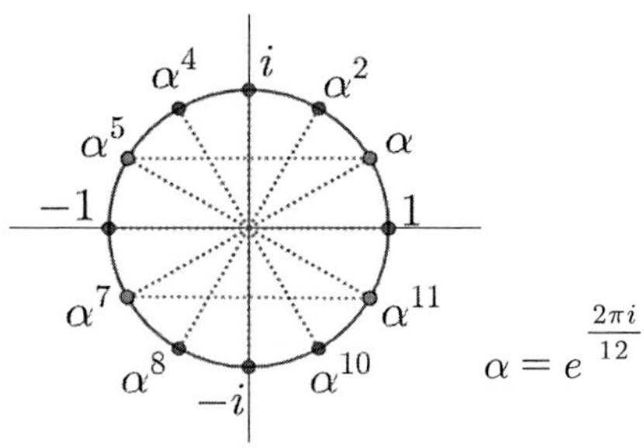

곱셈군 $\mathbb{Z}_{12}^*=\{1,5,7,11\}$이다.

부분군 $H=\{1,5\}$에 대하여 잉여류 $7H=\{7,11\}$를 얻을 수 있다. 이를 이용하여 b_1, b_2를 계산한다.

$$b_1 = \alpha + \alpha^5 = \left(\frac{\sqrt{3}}{2} + \frac{1}{2}i\right) + \left(-\frac{\sqrt{3}}{2} + \frac{1}{2}i\right) = i$$

$$b_2 = \alpha^7 + \alpha^{11} = \left(-\frac{\sqrt{3}}{2} - \frac{1}{2}i\right) + \left(\frac{\sqrt{3}}{2} - \frac{1}{2}i\right) = -i$$

이제 b_1과 b_2를 대입해서 J_{12}^*를 계산해보자.

$$\begin{aligned} J_{12}^*(x) &= (x - b_1)(x - b_2) \\ &= (x - i)(x + i) \\ &= x^2 + 1 \text{ 이다.} \end{aligned}$$

[3] $n = 16$일 때 변형된 준원분다항식 $J_n^*(x)$를 구해보자.

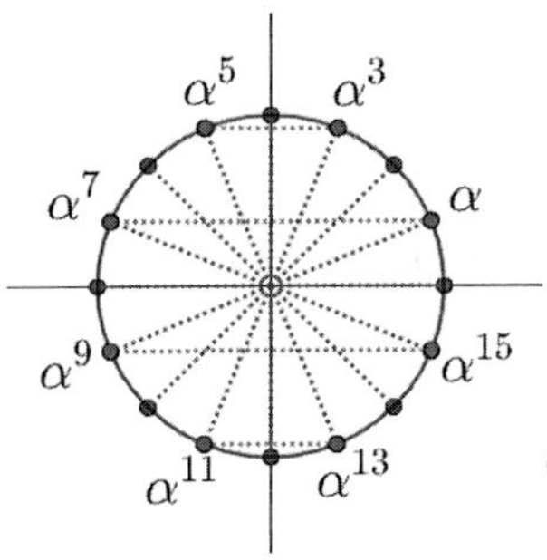

$\alpha = e^{\frac{2\pi i}{8}}$, $\alpha^8 = -1$

곱셈군 $\mathbb{Z}_{16}^* = \{1,3,5,7,9,11,13,15\}$이다.

부분군 $H = \{1, 7\}$에 대하여 잉여류 $3H = \{3, 5\}$, $9H = \{9, 15\}$, $11H = \{11, 13\}$를 얻을 수 있다. 이를 이용하여 b_1, b_2, b_3, b_4를 계산한다.

$$b_1 = \alpha + \alpha^7$$

$$b_2 = \alpha^3 + \alpha^5$$

$$b_3 = \alpha^9 + \alpha^{15}$$

$$b_4 = \alpha^{11} + \alpha^{13}$$

이제 b_1, b_2, b_3, b_4를 대입해서 J_{16}^*를 계산해보자.

$$\begin{aligned} J_{16}^*(x) &= (x - b_1)(x - b_2)(x - b_3)(x - b_4) \\ &= \left\{x^2 - (b_1 + b_3)x + b_1 b_3\right\}\left\{x^2 - (b_2 + b_4)x + b_2 b_4\right\} \end{aligned}$$

여기에서 $b_1 + b_3$, $b_2 + b_4$, $b_1 b_3$, $b_2 b_4$, $b_1 b_2 b_3 b_4$의 값을 구하면 다음과 같다.

$$b_1 + b_3 = \alpha + \alpha^7 + \alpha^9 + \alpha^{15} = 0$$

$$b_2 + b_4 = \alpha^3 + \alpha^5 + \alpha^{11} + \alpha^{13} = 0$$

$$\begin{aligned} b_1 b_3 &= (\alpha + \alpha^7)(\alpha^9 + \alpha^{15}) = a^{10} + \alpha^{16} + \alpha^{16} + \alpha^{22} \\ &= 2 - \alpha^2 + \alpha^6 \end{aligned}$$

$$\begin{aligned} b_2 b_4 &= (\alpha^3 + \alpha^5)(\alpha^{11} + \alpha^{13}) = a^{14} + \alpha^{16} + \alpha^{16} + \alpha^{18} \\ &= 2 - \alpha^6 + \alpha^2 \end{aligned}$$

$$b_1 b_3 b_2 b_4 = (2 - \alpha^2 + \alpha^6)(2 + \alpha^2 - \alpha^6) = 4 - (\alpha^2 - \alpha^6)^2 = 2$$

위의 계산결과를 대입해보면

$$
\begin{aligned}
J_{16}^{*}(x) &= (x-b_1)(x-b_2)(x-b_3)(x-b_4) \\
&= \left\{x^2-(b_1+b_3)x+b_1b_3\right\}\left\{x^2-(b_2+b_4)x+b_2b_4\right\} \\
&= (x^2+b_1b_3)(x^2+b_2b_4) \\
&= x^4+(b_1b_3+b_2b_4)x^2+b_1b_3b_2b_4 \\
&= x^4+4x^2+2
\end{aligned}
$$

따라서 $J_{16}^{*}(x) = x^4+4x^2+2$이다.

2.4 일반화된 원분다항식

양의 정수 n에 대하여 복소수체 $\mathbb{C}$안의 1의 원시 n제곱근을 $\alpha = e^{\frac{2\pi i}{n}}$ 라고 할 때, 법 n에 대한 곱셈군 $\mathbb{Z}_n^* = \{r_i \mid 0 \le r_i \le n-1, (n, r_i) = 1\}$ 에 대하여 H가 $\mathbb{Z}_n^*$의 부분군이고, $\mathbb{Z}_n^*/H = \{h_1H, h_2H, \cdots, h_lH\}$를 그에 따른 상군(quotient group)라고 한다.

각각의 $k = 1, 2, \cdots, l$에 대하여 $b_k = \sum_{h \in H} \alpha^{h_k h}$라고 정의하자.

그러면 $b_1, b_2, \cdots, b_l$를 근으로 갖는 모닉 다항식

$$J_{n,H}(x) = (x - b_1)(x - b_2) \cdots (x - b_l)$$

을 **일반화된 원분다항식**이라고 한다.

일반화된 원분다항식 $J_{n,H}(x)$의 중요한 성질은 다음과 같다.

① 계수가 모두 정수이다.

② 유리수체 위에서 기약 또는 x^l 꼴이다.

이때, $H = \{1\}$이면 $J_{n,H}(x) = \Phi_n(x)$, 즉 원분다항식이 된다.

$H = \{1, n-1\}$이면 $J_{n,H}(x) = J_n(x)$, 즉 준원분다항식이 된다.

$H = \left\{1, \frac{n}{2} - 1\right\}$이면 (단, n은 4보다 큰 4의 배수)

$J_{n,H}(x) = J_n^*(x)$, 즉 변형된 준원분다항식이 된다.

$H = \mathbb{Z}_n^*$이면 $J_{n,H}(x) = x - \mu(n)$, 즉 1차 다항식이 된다.

여기서 $\mu(n)$은 1의 원시 n제곱근의 합이다.

[1] $n = 7$인 경우 일반화된 원분다항식을 모두 구해보자.

법 7에 대한 곱셈군 $\mathbb{Z}_7^* = \{1,2,3,4,5,6\}$이고 부분군은 $\{1\}$, $\{1,6\}$, $\{1,2,4\}$, $\{1,2,3,4,5,6\}$이다. 각각의 부분군 H에 대한 일반화된 원분다항식 $J_{7,H}(x)$를 구해보자.

① 부분군 $H = \{1\}$인 경우

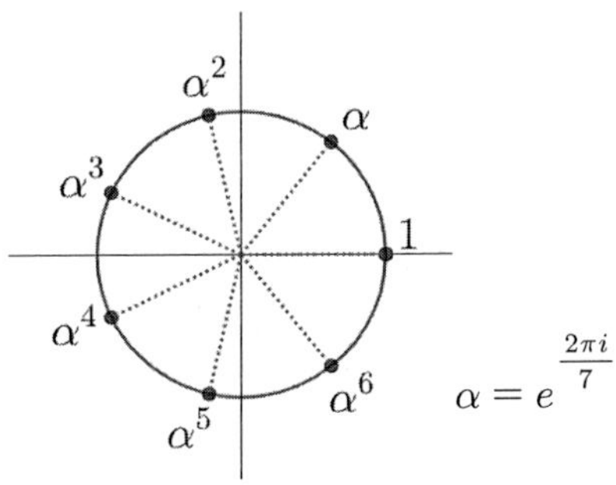

일반화된 원분다항식 $J_{7,H}(x)$는 $\alpha, \alpha^2, \alpha^3, \alpha^4, \alpha^5, \alpha^6$을 각각 근으로 갖는다.

$$J_{7,H}(x) = (x-\alpha)(x-\alpha^2)(x-\alpha^3)(x-\alpha^4)(x-\alpha^5)(x-\alpha^6)$$

$$= x^6 + x^5 + x^4 + x^3 + x^2 + x + 1 \text{을 얻는다.}$$

이는 7차 원분다항식 $\Phi_7(x)$와 같다.

즉, $H=\{1\}$일 때, $J_{n,H}(x)=\Phi_n(x)$ 이다.

② 부분군 $H=\{1,6\}$인 경우

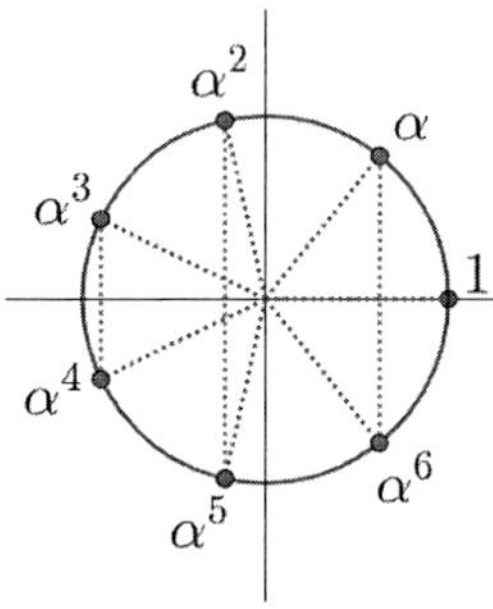

$\alpha=e^{\frac{2\pi i}{7}}$ $\alpha+\alpha^2+\alpha^3+\alpha^4+\alpha^5+\alpha^6=-1$

$\alpha^7=1$

잉여류 $2H=\{2,5\}$, $3H=\{3,4\}$를 얻는다.

일반화된 원분다항식 $J_{7,H}(x)$는 $b_1=\alpha+\alpha^6$, $b_2=\alpha^2+\alpha^5$, $b_3=\alpha^3+\alpha^4$를 근으로 갖는다.

$J_{16}^*(x)=(x-b_1)(x-b_2)(x-b_3)$을 계산하기 위해 아래 값들을 구하고 대입한다.

$$b_1+b_2+b_3=\alpha+\alpha^2+\alpha^3+\alpha^4+\alpha^5+\alpha^6=-1$$

$$b_1b_2=(\alpha+\alpha^6)(\alpha^2+\alpha^5)=\alpha^3+\alpha^6+\alpha^8+\alpha^{11}=\alpha^3+\alpha^6+\alpha+\alpha^4$$

$$b_2b_3=(\alpha^2+\alpha^5)(\alpha^3+\alpha^4)=\alpha^5+\alpha^6+\alpha^8+\alpha^9=\alpha^5+\alpha^6+\alpha+\alpha^2$$

$$b_3b_1=(\alpha^3+\alpha^4)(\alpha+\alpha^6)=\alpha^4+\alpha^9+\alpha^5+\alpha^{10}=\alpha^4+\alpha^2+\alpha^5+\alpha^3$$

$$
\begin{aligned}
b_1b_2b_3 &= (\alpha^3+\alpha^6+\alpha+\alpha^4)(\alpha^3+\alpha^4) \\
&= \alpha^6+\alpha^9+\alpha^4+\alpha^7+\alpha^7+\alpha^{10}+\alpha^5+\alpha^8 \\
&= \alpha^6+\alpha^2+\alpha^4+1+1+\alpha^3+\alpha^5+\alpha^1 = 1
\end{aligned}
$$

$$
\begin{aligned}
J_{7,H}(x) &= (x-b_1)(x-b_2)(x-b_3) \\
&= x^3-(b_1+b_2+b_3)x^2+(b_1b_2+b_2b_3+b_3b_1)x-b_1b_2b_3 \\
&= x^3+x^2-2x-1
\end{aligned}
$$

이는 7차 준원분다항식 $J_7(x)$와 같다.

즉, $H=\{1,n-1\}$이면 $J_{n,H}(x)=J_n(x)$ 이다.

③ 부분군 $H=\{1,2,4\}$인 경우

잉여류 $3H=\{3,6,12\}=\{3,5,6\}$를 얻고, 일반화된 원분다항식 $J_{7,H}(x)$는 $b_1=\alpha+\alpha^2+\alpha^4$, $b_2=\alpha^3+\alpha^5+\alpha^6$를 근으로 갖는다.

$$
\begin{aligned}
J_{7,H}(x) &= (x-b_1)(x-b_2) \\
&= \{x-(\alpha+\alpha^2+\alpha^4)\}\{x-(\alpha^3+\alpha^5+\alpha^6)\} \\
&= x^2-(\alpha+\alpha^2+\alpha^3+\alpha^4+\alpha^5+\alpha^6)x \\
&\quad +(\alpha+\alpha^2+\alpha^4)(\alpha^3+\alpha^5+\alpha^6) \\
&= x^2+x+2
\end{aligned}
$$

($\alpha+\alpha^2+\alpha^3+\alpha^4+\alpha^5+\alpha^6=-1$, $\alpha^7=1$을 이용하여 계산)

④ 부분군 $H = \{1,2,3,4,5,6\}$ 인 경우

$$J_{7,H}(x) = x - (\alpha + \alpha^2 + \alpha^3 + \alpha^4 + \alpha^5 + \alpha^6) = x + 1$$

[2] $n = 8$ 인 경우 일반화된 원분다항식을 모두 구해보자.

법 8에 대한 곱셈군 $\mathbb{Z}_8^* = \{1,3,5,7\}$ 이고 부분군은 $\{1\}$, $\{1,7\}$, $\{1,3\}$, $\{1,5\}$, $\{1,3,5,7\}$ 이다. 각각의 부분군 H에 대한 일반화된 원분다항식 $J_{8,H}(x)$를 구해보자.

① 부분군 $H = \{1\}$ 인 경우

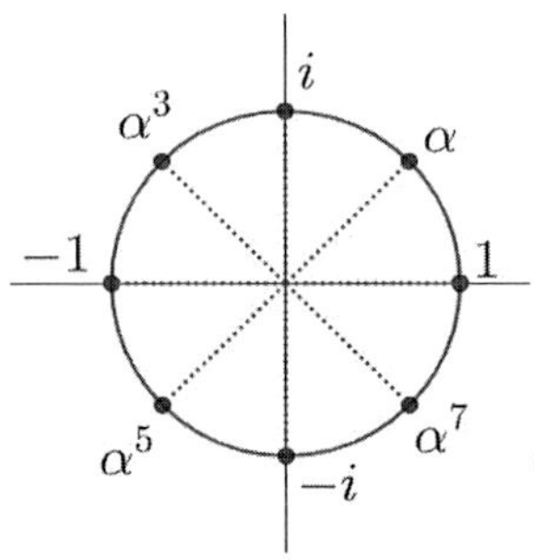

$\alpha = e^{\frac{2\pi i}{8}}$

일반화된 원분다항식 $J_{8,H}(x)$는 $\alpha, \alpha^3, \alpha^5, \alpha^7$ 을 근으로 갖는다.

$$\begin{aligned} J_{8,H}(x) &= (x-\alpha)(x-\alpha^3)(x-\alpha^5)(x-\alpha^7) \\ &= (x-\alpha)(x-\alpha^7)(x-\alpha^3)(x-\alpha^5) \\ &= \{x^2 - (\alpha + \alpha^7)x + 1\}\{x^2 - (\alpha^3 + \alpha^4)x + 1\} \\ &= \left\{x^2 - \left(2\cos\frac{\pi}{4}\right)x + 1\right\}\left\{x^2 - \left(-2\cos\frac{\pi}{4}\right)x + 1\right\} \end{aligned}$$

$$= \{x^2 - \sqrt{2}\,x + 1\}\{x^2 + \sqrt{2}\,x + 1\}$$
$$= (x^2 + 1)^2 - 2x^2$$
$$= x^4 + 1$$

이는 8차 원분다항식 $\Phi_8(x)$와 같다.

즉, $H = \{1\}$일 때, $J_{n,H}(x) = \Phi_n(x)$ 이다.

② 부분군 $H = \{1,7\}$인 경우

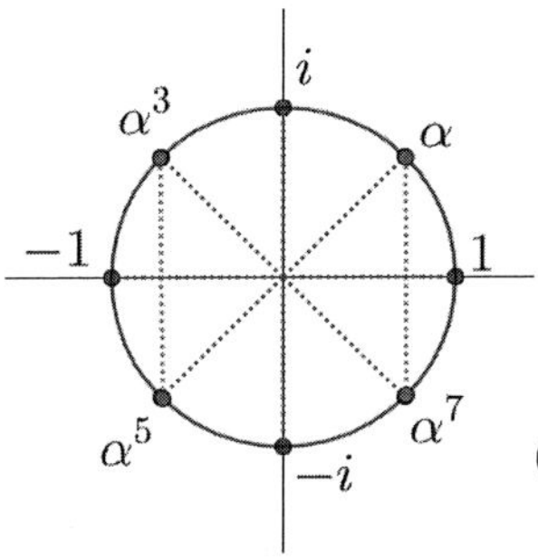

(그림 n=8준원분다항식)

잉여류는 $3H = \{3,5\}$이다. 따라서 $\alpha = e^{\frac{2\pi i}{8}}$에 대해 $b_1 = \alpha + \alpha^7$, $b_2 = \alpha^3 + \alpha^5$를 근으로 갖는 다항식을 계산하면

$$\begin{aligned} J_{8,H}(x) &= (x - b_1)(x - b_2) \\ &= \{x - (\alpha + \alpha^7)\}\{x - (\alpha^5 + \alpha^3)\} \\ &= \left(x - 2\cos\frac{\pi}{4}\right)\left(x + 2\cos\frac{\pi}{4}\right) \\ &= x^2 - 2 \end{aligned}$$

이는 8차 원분다항식 $\Phi_8(x)$와 같다.

즉, $H=\{1\}$일 때, $J_{n,H}(x)=\Phi_n(x)$ 이다.

③ 부분군 $H=\{1,3\}$인 경우

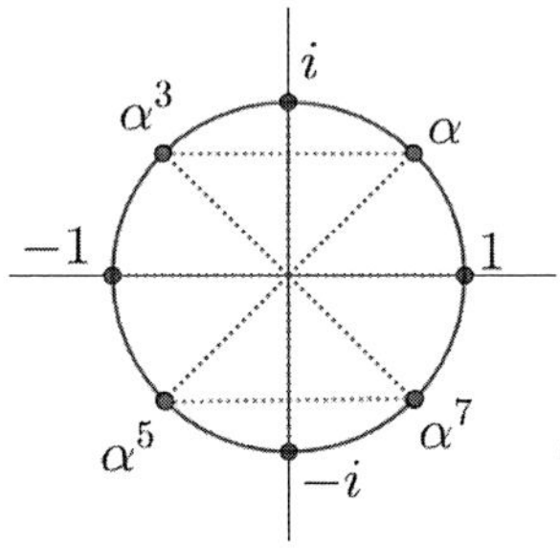

잉여류 $5H=\{5,7\}$를 얻고, $\alpha=e^{\frac{2\pi i}{8}}$에 대해 $b_1=\alpha+\alpha^3$, $b_2=\alpha^5+\alpha^7$를 근으로 갖는 다항식을 계산하면

$$\begin{aligned} J_{8,H}(x) &= (x-b_1)(x-b_2) \\ &= \{x-(\alpha+\alpha^3)\}\{x-(\alpha^5+\alpha^7)\} \\ &= \left(x-2i\sin\frac{\pi}{4}\right)\left(x+2i\sin\frac{\pi}{4}\right) \\ &= x^2+2 \end{aligned}$$

즉, $H=\{1,n-1\}$일 때, $J_{n,H}(x)=J_n(x)$ 이다.

④ 부분군 $H=\{1,5\}$인 경우

잉여류 $3H=\{3,7\}$를 얻고, $\alpha=e^{\frac{2\pi i}{8}}$에 대해 $b_1=\alpha+\alpha^5$, $b_2=\alpha^3+\alpha^7$를 근으로 갖는 갈루아다항식

$$\begin{aligned} J_{8,H}(x) &= (x-b_1)(x-b_2) \\ &= \{x-(\alpha+\alpha^5)\}\{x-(\alpha^3+\alpha^7)\} \\ &= x^2 \end{aligned}$$

이때, 일반화된 원분다항식 $J_{8,H}(x)$는 기약이 아니고 x^l 형태를 갖는다.

⑤ 부분군 $H=\{1,3,5,7\}$인 경우

$$J_{8,H}(x)=x-(\alpha+\alpha^3+\alpha^5+\alpha^7)=x$$

[3] $n=9$인 경우 일반화된 원분다항식을 모두 구해보자.

법 9에 대한 곱셈군 $\mathbb{Z}_9^*=\{1,2,4,5,7,8\}$이고 부분군은 $\{1\}$, $\{1,8\}$, $\{1,4,7\}$, $\{1,2,4,5,7,8\}$이다. 각각의 부분군 H에 대한 일반화된 원분다항식 $J_{9,H}(x)$를 구해보자.

① 부분군 $H = \{1\}$인 경우

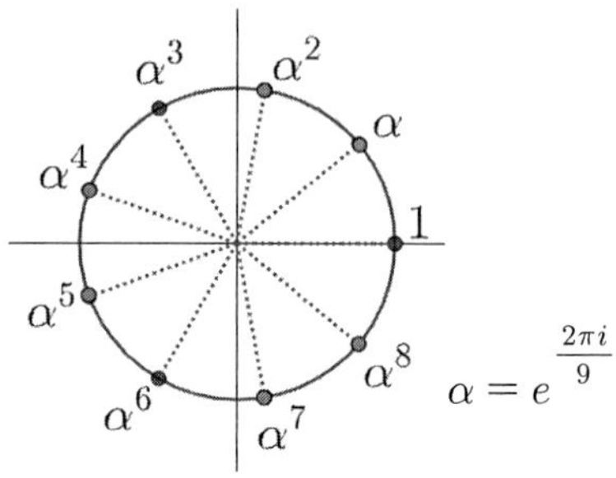

일반화된 원분다항식 $J_{9,H}(x)$는 $\alpha, \alpha^2, \alpha^4, \alpha^5, \alpha^7, \alpha^8$을 근으로 갖는다. 즉, 일반화된 원분다항식 $J_{9,H}(x)$는 원분다항식 $\Phi_9(x)$와 같다.

$$J_{9,H}(x) = (x-\alpha)(x-\alpha^2)(x-\alpha^4)(x-\alpha^5)(x-\alpha^7)(x-\alpha^8)$$
$$= x^6 + x^3 + 1$$

연습문제 (1)

$x^n - 1 = \prod_{d|n} \Phi_d(x)$의 성질을 이용하여 $\Phi_9(x) = x^6 + x^3 + 1$임을 확인하시오.

② 부분군 $H=\{1,8\}$인 경우

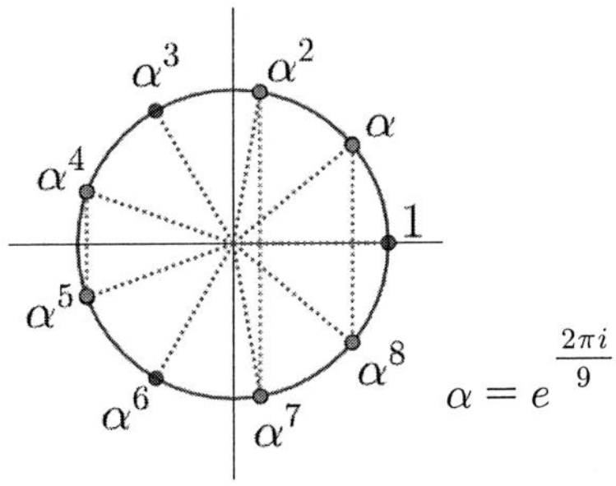

잉여류 $2H=\{2,7\}$, $4H=\{4,5\}$를 얻고, 일반화된 원분다항식 $J_{9,H}(x)$는 $\alpha=e^{\frac{2\pi i}{9}}$에 대해 $b_1=\alpha+\alpha^8$, $b_2=\alpha^2+\alpha^7$, $b_3=\alpha^4+\alpha^5$를 근으로 갖는다,

$J_{9,H}(x)=(x-b_1)(x-b_2)(x-b_3)$를 구하기 위해 아래 값들을 계산하고 대입해보자.

$$b_1+b_2+b_3=\alpha+\alpha^2+\alpha^4+\alpha^5+\alpha^7+\alpha^8=\mu(9)=0$$

$$b_1b_2=(\alpha+\alpha^8)(\alpha^2+\alpha^7)=\alpha^3+\alpha^8+\alpha^{10}+\alpha^{15}=\alpha^3+\alpha^8+\alpha+\alpha^6$$

$$b_2b_3=(\alpha^2+\alpha^7)(\alpha^4+\alpha^5)=\alpha^6+\alpha^7+\alpha^{11}+\alpha^{12}=\alpha^6+\alpha^7+\alpha^2+\alpha^3$$

$$b_3b_1=(\alpha^4+\alpha^5)(\alpha+\alpha^8)=\alpha^5+\alpha^{12}+\alpha^6+\alpha^{13}=\alpha^5+\alpha^3+\alpha^6+\alpha^4$$

$$\begin{aligned}b_1b_2b_3&=(\alpha^3+\alpha^8+\alpha+\alpha^6)(\alpha^4+\alpha^5)\\&=\alpha^7+\alpha^{12}+\alpha^5+\alpha^{10}+\alpha^8+\alpha^{13}+\alpha^6+\alpha^{11}\\&=\alpha^7+\alpha^3+\alpha^5+\alpha+\alpha^8+\alpha^4+\alpha^6+\alpha^2\\&=-1\end{aligned}$$

$$
\begin{aligned}
J_{9,H}(x) &= (x-b_1)(x-b_2)(x-b_3) \\
&= x^3-(b_1+b_2+b_3)x^2+(b_1b_2+b_2b_3+b_3b_1)x-b_1b_2b_3 \\
&= x^3-3x+1
\end{aligned}
$$

③ 부분군 $H=\{1,4,7\}$인 경우

잉여류 $2H=\{2,5,8\}$를 얻고, 일반화된 원분다항식 $J_{9,H}(x)$는 $\alpha=e^{\frac{2\pi i}{9}}$에 대해 $b_1=\alpha+\alpha^4+\alpha^7$, $b_2=\alpha^2+\alpha^5+\alpha^8$를 근으로 갖는다,

$$
\begin{aligned}
&J_{9,H}(x) = (x-b_1)(x-b_2) \\
&= x^2-(\alpha+\alpha^4+\alpha^7+\alpha^2+\alpha^5+\alpha^8)x+(\alpha+\alpha^4+\alpha^7)(\alpha^2+\alpha^5+\alpha^8) \\
&= x^2+(\alpha^3+\alpha^6+\alpha^9+\alpha^6+\alpha^9+\alpha^{12}+\alpha^9+\alpha^{12}+\alpha^{15}) \\
&= x^2+(\alpha^3+\alpha^6+1+\alpha^6+1+\alpha^3+1+\alpha^3+\alpha^6) \\
&= x^2
\end{aligned}
$$

이때. 일반화된 원분다항식 $J_{9,H}(x)$는 기약이 아니고 x^l 형태를 갖는다.

④ 부분군 $H=\{1,2,4,5,7,8\}$인 경우

$$
J_{9,H}(x) = x-(\alpha+\alpha^2+\alpha^4+\alpha^5+\alpha^7+\alpha^8) = x
$$

Chapter 3.

3.1 $U(n)$을 이용한 $\mathbb{Z}_n^*$의 분해

$\mathbb{Z}_n^*$는 $\mathbb{Z}_n$의 부분집합으로서 다음과 같이 정의된다.

$$\mathbb{Z}_n^* = \{k \in \mathbb{Z}_n \mid (k, n) = 1\}$$

$\mathbb{Z}_n^*$은 곱셈군이 되고, 위수 $\left|\mathbb{Z}_n^*\right| = \phi(n)$이다.

$n = p_1^{\alpha_1} p_2^{\alpha_2} \cdots p_r^{\alpha_r}$ 일 때, ($p_1 < p_2 < \cdots < p_r$ 인 서로 다른 소수) 환 $\mathbb{Z}_n$은 중국인의 나머지 정리에 의하여 $\mathbb{Z}_{p_1^{\alpha_1}} \times \mathbb{Z}_{p_2^{\alpha_2}} \times \cdots \mathbb{Z}_{p_r^{\alpha_r}}$로 분해된다.

또한, 곱셈군 $\mathbb{Z}_n^*$는 $\mathbb{Z}^*_{p_1^{\alpha_1}} \times \mathbb{Z}^*_{p_2^{\alpha_2}} \times \cdots \mathbb{Z}^*_{p_r^{\alpha_r}}$ 로 분해된다.

$J_{n,H}(x)$의 기약성을 결정하는 기준은 $U(n)$과 부분군 H의 교집합에 달려있다. 따라서 본 장의 내용은 먼저 $U(n)$을 정의하는 것으로

시작한다. 본 장의 목적은 곱셈군 $\mathbb{Z}_n^*$를 부분군 $U(n)$을 이용하여 분해하는 방법을 예시하고, 증명하는 데 있다.

$U(n)$은 $\mathbb{Z}_n^*$의 부분군으로, 아래와 같이 정의되며 순환군이다. $n = p_1^{\alpha_1} p_2^{\alpha_2} \cdots p_r^{\alpha_r}$ 일 때,

$$U(n) = \left\{ k \in \mathbb{Z}_n^* \mid k \equiv 1 (\mathrm{mod}\ v) \right\}$$

이때, $v = \begin{cases} p_1 p_2 \cdots p_r \ , & 8 \nmid n \\ 2p_1 p_2 \cdots p_r \ , & 8 \mid n \end{cases}$

$n = 2,\ 4,\ p^k,\ 2p^k$ ($p \geq 3$인 소수) 인 경우에는 원시근이 존재하므로 $\mathbb{Z}_n^*$은 순환군이다. 소수 p에 대하여, $n = p^\alpha$인 경우에 곱셈군 $\mathbb{Z}_n^*$의 분해를 계산해보자.

특히 $p \geq 3$인 소수인 경우에는 다음과 같은 성질을 갖는다. $U(n)$은 위수가 $n = p^{\alpha - 1}$인 순환군이고, $1 + p$가 생성원이다.

$L(n)$은 위수가 $p - 1$인 순환군이고, $g^{p^{\alpha - 1}}$로 생성된다. (g는 곱셈군 $\mathbb{Z}_n^*$의 생성원이다.) 이 때, $L(n)$은 $\mathbb{Z}_n^*$의 원소 중에서 위수가 $p - 1$의 약수인 것의 집합과 같다.

다만, $n = 2^\alpha (\alpha \geq 3)$인 경우에는 $U(n)$은 5로 생성되는 순환군이다. $L(n)$은 두 개가 가능하다. 아래 예를 통해 $n = 2^\alpha$인 경우를 살펴보자.

$$
\begin{aligned}
\mathbb{Z}_2^* &= U(2) \times L(2) \\
&= \{1\} \times \{1\}
\end{aligned}
$$

$$
\begin{aligned}
\mathbb{Z}_4^* &= U(4) \times L(4) \\
&= \{1,3\} \times \{1\}
\end{aligned}
$$

$$
\begin{aligned}
\mathbb{Z}_8^* &= U(8) \times L(8) \\
&= \{1,5\} \times \{1,7\} \\
&= \{1,5\} \times \{1,3\}
\end{aligned}
$$

$$
\begin{aligned}
\mathbb{Z}_{16}^* &= U(16) \times L(16) \\
&= \{1,5,9,13\} \times \{1,15\} \\
&= \{1,5,9,13\} \times \{1,7\}
\end{aligned}
$$

$$
\begin{aligned}
\mathbb{Z}_{32}^* &= U(32) \times L(32) \\
&= \{1,5,9,13,17,21,25,29\} \times \{1,31\} \\
&= \{1,5,9,13,17,21,25,29\} \times \{1,15\}
\end{aligned}
$$

$n = 3^{\alpha}$인 경우를 살펴보자.

$$
\begin{aligned}
\mathbb{Z}_3^* &= U(3) \times L(3) \\
&= \{1\} \times \{1,2\}
\end{aligned}
$$

$$
\begin{aligned}
\mathbb{Z}_9^* &= U(9) \times L(9) \\
&= \{1,4,7\} \times \{1,8\}
\end{aligned}
$$

$$\mathbb{Z}_{27}^{*} = U(27) \times L(27)$$
$$= \{1,4,7,10,13,16,19,22,25\} \times \{1,26\}$$

$$\mathbb{Z}_{81}^{*} = U(81) \times L(81)$$
$$= \{1,4,7,10,\cdots,73,76,79\} \times \{1,80\}$$

$n = 5^{\alpha}$인 경우를 살펴보자.

$$\mathbb{Z}_{5}^{*} = U(5) \times L(5)$$
$$= \{1\} \times \{1,2,3,4\}$$

$$\mathbb{Z}_{25}^{*} = U(25) \times L(25)$$
$$= \{1,6,11,16,21\} \times \{1,7,24,18\}$$

(여기서 $7 \equiv 2^5 \pmod{25}$이다.)

$$\mathbb{Z}_{125}^{*} = U(125) \times L(125)$$
$$= \{1,6,11,16,\cdots,116,121\} \times \{1,57,124,68\}$$

(여기서 $57 \equiv 2^{25} \pmod{125}$이다.)

$n = 7^{\alpha}$인 경우를 살펴보자.

$$\mathbb{Z}_{7}^{*} = U(7) \times L(7)$$
$$= \{1\} \times \{1,2,3,4,5,6\}$$

$$\mathbb{Z}_{49}^* = U(49) \times L(49)$$
$$= \{1,8,15,22,29,36,43\} \times \{1,31,30,48,18,19\}$$

(여기서 $31 \equiv 3^7 \pmod{49}$이다.)

$$\mathbb{Z}_{343}^* = U(343) \times L(343)$$
$$= \{1,8,15,22,\cdots,330,337\} \times \{1,325,324,342,18,19\}$$

(여기서 $325 \equiv 3^{49} \pmod{343}$이다.)

연습문제 (1)

다음을 증명하시오.

① p, q가 3이상인 서로 다른 소수일 때, 곱셈군 $\mathbb{Z}_{pq}^*$는 순환군이 아니다.

② $n = 2^k$, $k \geq 3$ 일 때, $U(n)$은 5로 생성되는 순환군이다.

③ $n = p^k$ 일 때, ($p \geq 3$인 소수, $k \geq 1$인 자연수) $U(n)$은 $1+p$로 생성되는 순환군이다.

④ 일반적인 n에 대하여, $U(n)$은 $1+v$에 의하여 생성되는 순환군이다.

$\mathbb{Z}_n^*$ 가 순환군이면 $\mathbb{Z}_n^* = U(n) \times L(n)$으로 분해할 때, $L(n)$이 유일하게 결정된다. 그러나 $\mathbb{Z}_n^*$가 순환군이 아니면 $L(n)$은 유일하지 않다.

이제 $\mathbb{Z}_n^*$를 아래의 6가지 유형으로 나누어보자. (단, n의 소인수가 2종류 이하인 경우)

① $\mathbb{Z}^*_{p^\alpha}$ ($p \geq 3$인 소수)

② $\mathbb{Z}^*_{2\alpha}$ ($\alpha \geq 3$)

③ $\mathbb{Z}^*_{p_1^{\alpha_1} p_2^{\alpha_2}}$ ($3 \leq p_1 \leq p_2$ 인 소수)

④ $\mathbb{Z}^*_{2p^\alpha}$ ($p \geq 3$인 소수)

⑤ $\mathbb{Z}^*_{4p^\alpha}$ ($p \geq 3$인 소수)

⑥ $\mathbb{Z}^*_{2^{\alpha_1} p^{\alpha_2}}$ ($p \geq 3$인 소수, $\alpha \geq 3$)

지금부터 ①에서 ⑥까지 각각의 경우에 대한 예시를 통하여 분해 방법을 살펴보자.

① $\mathbb{Z}^*_{p^\alpha}$ ($p \geq 3$인 소수) 일 때, $\mathbb{Z}^*_{p^\alpha}$는 순환군이므로 $L(n)$이 유일하게 결정된다.

$$\begin{aligned} \mathbb{Z}^*_9 &= U(9) \times L(9) \\ &= \{1, 4, 7\} \times \{1, 8\} \end{aligned}$$

$$\begin{aligned} \mathbb{Z}^*_{25} &= U(25) \times L(25) \\ &= \{1, 6, 11, 16, 21\} \times \{1, 7, 18, 24\} \end{aligned}$$

2는 25의 원시근이므로 2의 위수는 $\phi(25) = 20$이다. 또한 $|L(25)| = 4$이므로 $2^5 \equiv 7 \pmod{25}$가 $L(25)$를 생성한다.

② $\mathbb{Z}_{2^\alpha}^*$ $(\alpha \geq 3)$ 일 때, $\mathbb{Z}_{2^\alpha}^*$는 순환군이 아니고, $L(n)$은 다음과 같이 2종류가 존재한다.

$$\begin{cases} L_1(n) = \{-1, 1\} \\ L_2(n) = \{1, 2^{\alpha-1} - 1\} \end{cases}$$

$$\begin{aligned} \mathbb{Z}_8^* &= U(8) \times L_1(8) = \{1, 5\} \times \{1, 7\} \\ &= U(8) \times L_2(8) = \{1, 5\} \times \{1, 5\} \end{aligned}$$

$$\begin{aligned} \mathbb{Z}_{16}^* &= U(16) \times L_1(16) = \{1, 5, 9, 13\} \times \{1, 15\} \\ &= U(16) \times L_2(16) = \{1, 5, 9, 13\} \times \{1, 7\} \end{aligned}$$

$$\begin{aligned} \mathbb{Z}_{32}^* &= U(32) \times L_1(32) = \{1, 5, 9, 13, 17, 21, 25, 29\} \times \{1, 31\} \\ &= U(32) \times L_2(32) = \{1, 5, 9, 13, 17, 21, 25, 29\} \times \{1, 15\} \end{aligned}$$

③ $\mathbb{Z}_{p_1^{\alpha_1} p_2^{\alpha_2}}^*$ $(3 \leq p_1 \leq p_2$ 인 소수) 일 때, $\mathbb{Z}_n^*$는 순환군이 아니다. $U(n)$은 $U(n) = \left\{k \in \mathbb{Z}_n^* | k \equiv 1 (\text{mod } v)\right\}$, $v = p_1 p_2$로 결정되는 순환군이지만, $L(n)$은 순환군이 아니다.

$$\begin{aligned} \mathbb{Z}_{45}^* &= U(45) \times L(45) \\ &= \{1, 16, 31\} \times \{1, 8, 17, 19, 26, 28, 37, 44\} \\ &= \{1, 16, 31\} \times \{1, 8, 17, 19\} \times \{1, 44\} \\ &= \{1, 16, 31\} \times \{1, 8, 17, 19\} \times \{1, 26\} \end{aligned}$$

④ $\mathbb{Z}^*_{2p^\alpha}$ ($p \geq 3$인 소수) 일 때, $\mathbb{Z}^*_n$는 순환군이다.

$\mathbb{Z}^*_n = U(n) \times L(n)$으로 표시할 때, $L(n)$은 유일하게 결정되는 순환군이다.

$$\begin{aligned}\mathbb{Z}^*_{10} &= U(10) \times L(10) \\ &= \{1\} \times \{1, 3, 7, 9\}\end{aligned}$$

$$\begin{aligned}\mathbb{Z}^*_{18} &= U(18) \times L(18) \\ &= \{1, 7, 13\} \times \{1, 17\}\end{aligned}$$

$$\begin{aligned}\mathbb{Z}^*_{50} &= U(50) \times L(50) \\ &= \{1, 11, 21, 31, 41\} \times \{1, 11, 21, 31, 41\}\end{aligned}$$

※ 3은 50의 원시근이다. $3^4 \equiv 31 \pmod{50}$이 $L(50)$의 생성원이다.

⑤ $\mathbb{Z}^*_{4p^\alpha}$ ($p \geq 3$인 소수) 일 때, $\mathbb{Z}^*_n$는 순환군이 아니다. $L(n)$은 두 종류가 되어 $\mathbb{Z}^*_n = U(n) \times L_1(n)$, $\mathbb{Z}^*_n = U(n) \times L_2(n)$으로 분해된다.

$$\begin{aligned}\mathbb{Z}^*_{12} &= U(12) \times L_1(12) = \{1, 7\} \times \{1, 11\} \\ &= U(12) \times L_2(12) = \{1, 7\} \times \{1, 5\}\end{aligned}$$

$$\begin{aligned}\mathbb{Z}^*_{20} &= U(20) \times L_1(20) = \{1, 11\} \times \{1, 3, 7, 9\} \\ &= U(20) \times L_2(20) = \{1, 11\} \times \{1, 9, 13, 17\}\end{aligned}$$

$$\mathbb{Z}_{36}^* = U(36) \times L_1(36) = \{1,7,13,19,25,31\} \times \{1,35\}$$
$$= U(36) \times L_2(36) = \{1,7,13,19,25,31\} \times \{1,17\}$$

⑥ $\mathbb{Z}_{2^{\alpha_1}p^{\alpha_2}}^*$ ($p \geq 3$인 소수, $\alpha \geq 3$) 일 때, $\mathbb{Z}_n^*$는 순환군이 아니다. $L(n)$은 유일하지 않을 수 있다. n이 8의 배수이므로, $v = 4p$이고, $U(n)$은 $U(n) = \left\{k \in \mathbb{Z}_n^* | k \equiv 1 (\mathrm{mod}\ v)\right\}$인 순환군이다.

$$\mathbb{Z}_{24}^* = U(24) \times L_1(24) = \{1,13\} \times \{1,7,13,19\}$$
$$= U(24) \times L_2(24) = \{1,13\} \times \{1,5,7,11\}$$

▶ n이 큰 수인 경우에는 n의 소인수분해를 이용하여, 각각의 $U(p^\alpha)$, $L(p^\alpha)$를 계산한 뒤에 최종적으로 $U(n)$, $L(n)$을 계산할 수 있다.

예시 (1)

$\mathbb{Z}_{72}^* = \mathbb{Z}_8^* \times \mathbb{Z}_9^*$를 이용하여 $U(72)$, $L(72)$를 다음과 같이 계산한다.

$$\mathbb{Z}_8^* = U(8) \times L_1(8) = \{1,5\} \times \{1,7\}$$
$$= U(8) \times L_2(8) = \{1,5\} \times \{1,3\}$$
$$\mathbb{Z}_9^* = U(9) \times L(9) = \{1,4,7\} \times \{1,8\}$$

$U(72)$는 중국인의 나머지 정리를 이용하여 $U(8) \times U(9)$로 계산하거나, $U(72) = \left\{k \in \mathbb{Z}_{72}^* \mid k \equiv 1\ (\mathrm{mod}\ v)\right\}$로 직접 계산할 수 있다.

이 때, $v = 12$이다.

$$U(72) = U(8) \times U(9)$$

$$\begin{cases} x \equiv 1 \pmod 8, & x \equiv 1 \pmod 9 \;\Rightarrow\; x \equiv 1 \pmod{72} \\ x \equiv 1 \pmod 8, & x \equiv 4 \pmod 9 \;\Rightarrow\; x \equiv 49 \pmod{72} \\ x \equiv 1 \pmod 8, & x \equiv 7 \pmod 9 \;\Rightarrow\; x \equiv 25 \pmod{72} \\ x \equiv 5 \pmod 8, & x \equiv 1 \pmod 9 \;\Rightarrow\; x \equiv 37 \pmod{72} \\ x \equiv 5 \pmod 8, & x \equiv 4 \pmod 9 \;\Rightarrow\; x \equiv 13 \pmod{72} \\ x \equiv 5 \pmod 8, & x \equiv 7 \pmod 9 \;\Rightarrow\; x \equiv 61 \pmod{72} \end{cases}$$

이와 같이 $U(72) = \{1, 49, 25, 37, 13, 61\}$로 유일하게 계산된다. 그러나 $L_1(72) = L_1(8) \times L(9)$으로 계산할 수 있고, $L_2(72) = L_2(8) \times L(9)$으로 계산할 수 있다.

$L_1(72)$는 중국인의 나머지 정리를 이용하여, $L_1(8) \times L(9)$으로 계산한다.

$$L_1(72) = L_1(8) \times L(9) = \{1, 7\} \times \{1, 8\}$$

$$\begin{cases} x \equiv 1 \pmod 8, & x \equiv 1 \pmod 9 \;\Rightarrow\; x \equiv 1 \pmod{72} \\ x \equiv 1 \pmod 8, & x \equiv 8 \pmod 9 \;\Rightarrow\; x \equiv 17 \pmod{72} \\ x \equiv 7 \pmod 8, & x \equiv 8 \pmod 9 \;\Rightarrow\; x \equiv 81 \pmod{72} \\ x \equiv 7 \pmod 8, & x \equiv 1 \pmod 9 \;\Rightarrow\; x \equiv 55 \pmod{72} \end{cases}$$

$L_2(72)$는 중국인의 나머지 정리를 이용하여, $L_2(8) \times L(9)$으로 계산한다.

$$L_2(72) = L_2(8) \times L(9) = \{1, 5\} \times \{1, 8\}$$

$$\begin{cases} x \equiv 1 \pmod 8, & x \equiv 1 \pmod 9 \Rightarrow x \equiv 1 \pmod{72} \\ x \equiv 1 \pmod 8, & x \equiv 8 \pmod 9 \Rightarrow x \equiv 17 \pmod{72} \\ x \equiv 5 \pmod 8, & x \equiv 1 \pmod 9 \Rightarrow x \equiv 37 \pmod{72} \\ x \equiv 5 \pmod 8, & x \equiv 8 \pmod 9 \Rightarrow x \equiv 53 \pmod{72} \end{cases}$$

결론적으로 $\mathbb{Z}_{72}^*$는 아래와 같이 두 가지 표현이 가능하다.

$$\begin{aligned} \mathbb{Z}_{72}^* &= U(72) \times L_1(72) = \{1, 13, 25, 37, 49, 61\} \times \{1, 17, 81, 55\} \\ &= U(72) \times L_2(72) = \{1, 13, 25, 37, 49, 61\} \times \{1, 17, 37, 53\} \end{aligned}$$

예시 (2)

$\mathbb{Z}_{400}^* = \mathbb{Z}_{16}^* \times \mathbb{Z}_{25}^*$를 이용하여 $U(400)$, $L(400)$를 다음과 같이 계산한다.

$$\begin{aligned} \mathbb{Z}_{16}^* &= U(16) \times L_1(16) = \{1, 5, 9, 13\} \times \{1, 15\} \\ &= U(16) \times L_2(16) = \{1, 5, 9, 13\} \times \{1, 7\} \\ \mathbb{Z}_{25}^* &= U(25) \times L(25) = \{1, 6, 11, 16, 21\} \times \{1, 7, 18, 24\} \end{aligned}$$

$p = 5$의 원시근은 2이다. $p^2 = 25$의 원시근은 2 또는 2+5 중 하나이다.

2는 25의 원시근이므로 2의 위수는, $|2| = 20$ 이다. $L(25)$는 위수가 4인 순환부분군이다.

따라서 $L(25)$는 $2^5 = 7$로 생성되어 $L(25) = \{1, 7, 18, 24\}$이다.

$U(400)$은 중국인의 나머지 정리를 이용하여 $U(400) = U(16) \times U(25)$로 계산하거나, $U(400) = \left\{k \in \mathbb{Z}_{400}^{*} \mid k \equiv 1 \pmod{v}\right\}$로 직접 계산할 수 있다.

이때, $v = 20$이다.

$$\begin{aligned} U(400) &= U(16) \times U(25) \\ &= \{1, 5, 9, 13\} \times \{1, 6, 11, 16, 21\} \end{aligned}$$

$\begin{cases} x \equiv 1 \pmod{16} \\ x \equiv 5 \pmod{16} \\ x \equiv 9 \pmod{16} \\ x \equiv 13 \pmod{16} \end{cases}$ 의 각각의 경우에 대하여

$\begin{cases} x \equiv 1 \pmod{25} \\ x \equiv 6 \pmod{25} \\ x \equiv 11 \pmod{25} \\ x \equiv 16 \pmod{25} \\ x \equiv 21 \pmod{25} \end{cases}$ 를 계산하면,

$u(400) = \{1, 21, 41, \cdots, 361, 381\}$을 얻는다.

그러나 $L(400)$은 유일하지 않다. $L_1(400) = L_1(16) \times L(25)$로 계산할 수 있고, $L_2(400) = L_2(16) \times L(25)$로도 계산할 수 있다.

$L_1(400)$은 중국인의 나머지 정리를 이용하여, $L_1(400) = L_1(16) \times L(25) = \{1, 15\} \times \{1, 7, 18, 24\}$를 계산하자.

$$\begin{cases} x \equiv 1 \,(\text{mod } 16), & x \equiv 1 \,(\text{mod } 25) \;\Rightarrow\; x \equiv 1 \,(\text{mod } 400) \\ x \equiv 1 \,(\text{mod } 16), & x \equiv 7 \,(\text{mod } 25) \;\Rightarrow\; x \equiv 257 \,(\text{mod } 400) \\ x \equiv 1 \,(\text{mod } 16), & x \equiv 18 \,(\text{mod } 25) \;\Rightarrow\; x \equiv 193 \,(\text{mod } 400) \\ x \equiv 1 \,(\text{mod } 16), & x \equiv 24 \,(\text{mod } 25) \;\Rightarrow\; x \equiv 49 \,(\text{mod } 400) \\ x \equiv 15 \,(\text{mod } 16), & x \equiv 1 \,(\text{mod } 25) \;\Rightarrow\; x \equiv 351 \,(\text{mod } 400) \\ x \equiv 15 \,(\text{mod } 16), & x \equiv 7 \,(\text{mod } 25) \;\Rightarrow\; x \equiv 207 \end{cases}$$

따라서 $L_1(400) = \{1, 257, 193, 29, 351, 207, 143, 399\}$ 이다.

이제 $L_2(400)$은 중국인의 나머지 정리를 이용하여, $L_2(400) = L_2(16) \times L(25) = \{1, 7\} \times \{1, 7, 18, 24\}$를 계산하자.

$$\begin{cases} x \equiv 1 \,(\text{mod } 16), & x \equiv 1 \,(\text{mod } 25) \;\Rightarrow\; x \equiv 1 \,(\text{mod } 400) \\ x \equiv 1 \,(\text{mod } 16), & x \equiv 7 \,(\text{mod } 25) \;\Rightarrow\; x \equiv 257 \,(\text{mod } 400) \\ x \equiv 1 \,(\text{mod } 16), & x \equiv 18 \,(\text{mod } 25) \;\Rightarrow\; x \equiv 193 \,(\text{mod } 400) \\ x \equiv 1 \,(\text{mod } 16), & x \equiv 24 \,(\text{mod } 25) \;\Rightarrow\; x \equiv 49 \,(\text{mod } 400) \\ x \equiv 7 \,(\text{mod } 16), & x \equiv 1 \,(\text{mod } 25) \;\Rightarrow\; x \equiv 151 \,(\text{mod } 400) \\ x \equiv 7 \,(\text{mod } 16), & x \equiv 7 \,(\text{mod } 25) \;\Rightarrow\; x \equiv 7 \end{cases}$$

따라서 $L_2(400) = \{1, 257, 193, 49, 151, 7, 343, 199\}$ 이다. 결론적으로 $\mathbb{Z}_{400}^*$ 는 아래와 같이 두 가지 표현이 가능하다.

$$\begin{aligned}\mathbb{Z}_{400}^* &= U(400) \times L_1(400) = U(16) \times U(25) \times L_1(400)\\ &= \{1,5,9,13\} \times \{1,6,11,16,21\} \times \{1,257,193,29,351,207,143,399\}\\ &= U(400) \times L_2(400) = U(16) \times U(25) \times L_2(400)\\ &= \{1,5,9,13\} \times \{1,6,11,16,21\} \times \{1,257,193,49,151,7,343,199\}\end{aligned}$$

예시 (3)

$\mathbb{Z}_{45}^*$는 위수가 24인 곱셈군이다. 또한 $U(45) = \{1, 16, 31\}$이다. $U(45)$를 이용하여 $\mathbb{Z}_{45}^*$를 분해하면 아래와 같다.

$$\begin{aligned}\mathbb{Z}_{45}^* &= U(45) \times L(45)\\ &= \{1, 16, 31\} \times \{1, 8, 19, 17, 44, 37, 26, 28\}\end{aligned}$$

이때, $L(45)$는 유일하게 결정된다. 다만 $L(45)$는 다음과 같이 4가지 방법으로 분해할 수 있다.

$$\begin{aligned}L(45) &= \{1, 44\} \times \{1, 8, 19, 17\}\\ &= \{1, 44\} \times \{1, 37, 19, 28\}\\ &= \{1, 26\} \times \{1, 8, 19, 17\}\\ &= \{1, 26\} \times \{1, 37, 19, 28\}\end{aligned}$$

연습문제 (2)

$U(n)$을 이용하여 $\mathbb{Z}_{16}^*$을 분해하시오.

연습문제 (3)

$U(n)$을 이용하여 $\mathbb{Z}_{32}^*$을 분해하시오.

연습문제 (4)

$U(n)$을 이용하여 $\mathbb{Z}_{25}^{*}$을 분해하시오.

연습문제 (5)

$U(n)$을 이용하여 $\mathbb{Z}_{48}^{*}$을 분해하시오.

연습문제 (6)

$U(n)$을 이용하여 $\mathbb{Z}_{105}^{*}$을 분해하시오.

Chapter 4.

4.1 일반화된 원분다항식 $J_{n,H}(x)$의 기약성

$U(n)$과 부분군 H의 교집합, $H \cap U(n)$에 따라서 일반화된 원분다항식 $J_{n,H}(x)$의 기약성이 결정된다. 다만 $H = \mathbb{Z}_n^*$인 경우에는, $J_{n,H}(x)$는 항상 1차식이고 기약다항식이므로 $H \neq \mathbb{Z}_n^*$인 경우만 생각하자.

$\eta = \sum_{h \in H} \zeta_n^h$ 이고 $H \lneq \mathbb{Z}_n^*$ (H는 $\mathbb{Z}_n^*$의 진부분군) 이라 하자.

(여기에서 ζ_n은 $e^{\frac{2\pi}{n}i}$를 의미한다.)

이 장에서는 일반화된 원분다항식 $J_{n,H}(x)$의 기약성이 $H \cap U(n) = \{1\}$인 경우와 $H \cap U(n) \neq \{1\}$인 경우에 따라 결정되는 것을 증명한다.

먼저, $H \cap U(n) = \{1\}$이면 다음 3가지 성질을 만족한다.

① $\eta \neq 0$ 이다.

② $\{\zeta_n^h | h \in H\}$는 선형독립이다.

③ $J_{n,H}(x)$는 기약다항식이다.

다음으로 $H \cap U(n) \neq \{1\}$이면 다음 3가지 성질을 만족한다.

① $\eta = 0$ 이다.

② $\{\zeta_n^h | h \in H\}$는 선형종속이다.

③ $J_{n,H}(x) = x^l$

이때, $l = \dfrac{|\mathbb{Z}_n^*|}{|H|}$ 이다.

정리 4.1.1

H가 곱셈군 $\mathbb{Z}_n^*$의 부분군이고, $h_1H, h_2H, \cdots, h_lH$가 H의 잉여류라고 하자. 그러면 $J_{n,H}(x)$는 유리수 계수 다항식이다.

증명 h_jH를 H_j라고 쓰자. $k \in \mathbb{Z}_n^*$에 대하여 $\{kH_j : j = 1, 2, \cdots, l\}$은 … $\{H_j : j = 1, 2, \cdots, l\}$와 같은 집합이다. 따라서 아래의 등식이 성립한다.

$$\prod_{j=1}^{l}\left(x - \sigma_k\left(\sum_{t \in H_j} \zeta_n^t\right)\right) = \prod_{j=1}^{l}\left(x - \sum_{t \in H_j} \zeta_n^{kt}\right)$$

$$= \prod_{j=1}^{l}\left(x - \sum_{t \in kH_j} \zeta_n^t\right) = \prod_{j=1}^{l}\left(x - \sum_{t \in H_j} \zeta_n^t\right)$$

여기서 갈루아 함수 σ_k는 $\mathbb{Q}(\zeta_n)$에서 $\mathbb{Q}(\zeta_n)$으로 가는 동형사상 중에서 $\mathbb{Q}$를 고정시키는 함수이다. 그리고 $\sigma_k(\zeta_n)=\zeta_n^k$으로 정의된다.

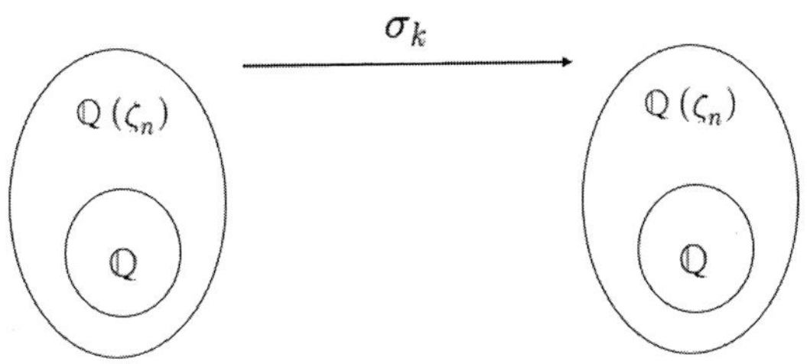

즉, $J_{n,H}(x)$는 모든 갈루아 함수 $\sigma_k \in Gal(\mathbb{Q}(\zeta_n)/\mathbb{Q})$에 의하여 고정되므로 $J_{n,H}(x)$는 $\mathbb{Q}[x]$의 원소이다.

정리 4.1.2

$J_{n,H}(x)$는 정수 계수 다항식이다.

증명 $J_{n,H}(x)$의 계수는 $c_0+c_1\zeta_n+\cdots+c_m\zeta_n^m$, $(c_i \in Z)$의 형태로 나타난다.

$c_0+c_1\zeta_n+\cdots+c_m\zeta_n^m=q \in \mathbb{Q}$ 일 때, q는 정수임을 증명한다.

$p(x)=c_0+c_1x+\cdots+c_mx^m$이라 하자.

$p(x)$를 원분다항식 $\Phi_n(x)$로 나누면

$p(x)=\Phi_n(x)\cdot Q(x)+R(x)$로 표현할 수 있다.

$R(x)$는 영(0)다항식 또는 차수가 $\phi(n)$ 미만인 정수계수 다항식이다.

$P(\zeta_n)=q=R(\zeta_n)$이므로

$R(x)-q$는 ζ_n을 해로 가지는 유리수 계수 다항식이다.

$R(x)-q$는 차수가 $\phi(n)$보다 작으므로 영(0)다항식이다.

따라서 $R(x)-q$의 상수항 $R(0)-q=0$이다.

$R(0)$가 정수이므로 q는 정수이다.

정리 4.1.3

H가 곱셈군 $\mathbb{Z}_n^*$의 진부분군이고, $h_1H, h_2H, \cdots, h_lH$가 H의 잉여류라고 하자. $\eta = \sum_{h \in H} \zeta_n^h$일 때, 다음은 서로 동치이다.

① $J_{n,H}(x) = \prod_{j=1}^{l} \left(x - \sigma_{h_j}(\eta)\right)$는 $\mathbb{Q}$ 위에서 기약이다.

② $\sigma_{h_1}(\eta),\ \sigma_{h_2}(\eta), \cdots, \sigma_{h_l}(\eta)$은 서로 다르다.

③ $k \notin H$이면, $\eta \neq \sigma_k(\eta)$이다.

증명 **② ⇒ ①의 증명**

$\sigma_{h_1}(\eta),\ \sigma_{h_2}(\eta), \cdots, \sigma_{h_l}(\eta)$은 서로 다르다고 가정한다.

유리수체 $\mathbb{Q}$의 표수가 0이므로, $\mathbb{Q}(\zeta_n)$은 $\mathbb{Q}$의 분리확대체이다. 따라서 η의 최소다항식 $p(x) \in \mathbb{Q}[x]$는 중근을 갖지 않는다.

또한 $p(x)$는 유리수계수 다항식이므로

갈루아 함수 $\sigma \in Gal(\mathbb{Q}(\zeta_n)/\mathbb{Q})$에 의하여 $p(x)$는 고정된다.

따라서 $(x-\eta)$가 $p(x)$의 인수이므로 $(x - \sigma(\eta))$도 $p(x)$의 인수가 된다.

즉, $\sigma_{h_1}(\eta), \sigma_{h_2}(\eta), \cdots, \sigma_{h_l}(\eta)$는 모두 $p(x)$의 해이다.

따라서 $J_{n,H}(x)$는 $p(x)$를 나눈다.

한편, $p(x)$는 η의 최소다항식이고,

$J_{n,H}(x)$는 η를 해로 갖는 유리수 계수 다항식이므로

$p(x)$는 $J_{n,H}(x)$를 나눈다.

이에 따라 $J_{n,H}(x) = p(x)$가 성립하고, $J_{n,H}(x)$는 기약다항식임을 알 수 있다.

① ⇒ ②의 증명

$J_{n,H}(x)$가 기약다항식이면, $J_{n,H}(x)$는 η의 최소다항식이다.

$\mathbb{Q}(\zeta_n)$이 $\mathbb{Q}$의 분리확대체이므로, $\sigma_{h_1}(\eta), \sigma_{h_2}(\eta), \cdots, \sigma_{h_l}(\eta)$는 모두 서로 다르다.

② ⇒ ③의 증명

$\sigma_{h_1}(\eta),\ \sigma_{h_2}(\eta), \cdots, \sigma_{h_l}(\eta)$ 가 모두 서로 다르면,

$k \not\in H$일 때, $k \in h_j H$ 가 성립하고, $h_j \neq h_1 = 1$이다.

$kH = h_j H$이므로 $\sigma_k(\eta) = \sigma_{h_j}(\eta) \neq \eta$이다.

③ ⇒ ②의 증명

$h_j H$ 와 $h_k H$ 가 서로 다른 잉여류라고 하자

$\widetilde{h_j}$가 h_j의 역원이면, $\widetilde{h_j} h_k$는 H의 원소가 아니다.

$\sigma_{h_j}(\eta) = \sigma_{h_k}(\eta)$라면,

$\eta = \sigma_{\widetilde{h_j}} \sigma_{h_j}(\eta) = \sigma_{\widetilde{h_j}} \sigma_{h_k}(\eta)$이다

즉, $\eta = \sigma_{\widetilde{h_j} h_k}(\eta)$인데, $\widetilde{h_j} h_k \not\in H$이므로 ③이 아니다.

4.2 $\{\zeta_n^h \mid h \in H\}$의 선형독립

일반화된 원분다항식 $J_{n,H}(x)$의 기약성은 Gauss sum $\sum_{h \in H} \zeta_n^h$의 값이 결정한다. H가 $\mathbb{Z}_n^*$의 진부분군일 때 $\{\zeta_n^h \mid h \in H\}$가 선형독립이면, Gauss sum $\sum_{h \in H} \zeta_n^h$가 0이 아니다. 이 경우에 일반화된 원분다항식 $J_{n,H}(x)$는 기약다항식이 된다. 이 절에서는 $\{\zeta_n^h \mid h \in H\}$의 선형독립성을 연구하고, 그 결과를 이용하여 Gauss sum의 값을 계산한다.

정리 4.2.1

$H \cap U(n) = \{1\}$이면, 다음이 성립한다.

① $|H|$가 $\phi(v)$의 약수이다.

② 부분군 H의 원소 h에 대하여 $h^{\phi(v)} \equiv 1 \pmod{n}$이 성립한다.

③ $n = p^\alpha$ ($p \geq 3$인 소수) 이면, H는 $L(n)$의 부분집합이다.

이 정리의 증명에는 표준준동형사상 τ: $\mathbb{Z}_n^* \to \mathbb{Z}_v^*$ 가 사용된다.

이 정리에서는 부분군 H가 $H \cap U(n) = \{1\}$의 조건을 만족시키면 $\tau \mid_H$ 가 동형사상이 되어서 H가 $\mathbb{Z}_v^*$의 부분군과 동형이라는 것을 증명한다.

특히, $n = p^\alpha$ ($p \geq 3$인 소수)인 경우에 $\mathbb{Z}_v^* = \mathbb{Z}_p^* \cong L(n)$이므로 H가 $L(n)$의 부분군이 된다.

이 사실이 주 정리(main theorem)의 수학적 귀납법 증명에서 첫 단계를 증명한다.

다음 예시를 통해 이해를 돕고, 이후 정리 4.2.1을 증명하도록 하자.

예시 (1)

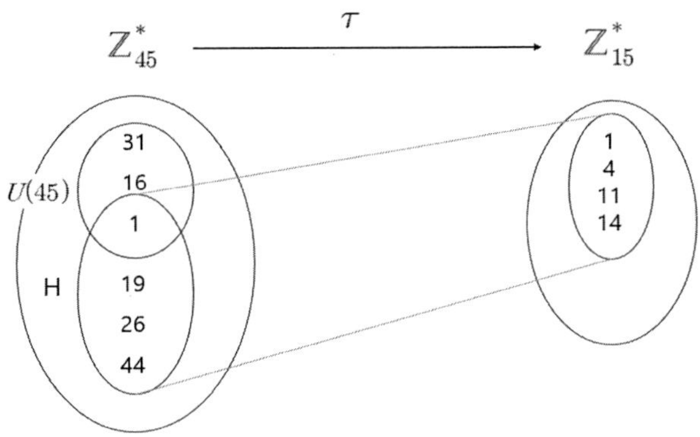

$$H = \{1, 19, 26, 44\},\ \ U(45) = \{1, 16, 31\}$$

$$\tau(H) = \{1, 4, 11, 14\},\ \ n = 45 = 9 \times 5$$

$$v = 15,\ \ \phi(v) = 8$$

연습문제 (1)

다음 각각의 n에 대하여 $H \cap U(n) = \{1\}$의 조건을 만족시키는 H를 구하시오.

① $n = 63$

② $n = 99$

③ $n = 135$

예시 (2)

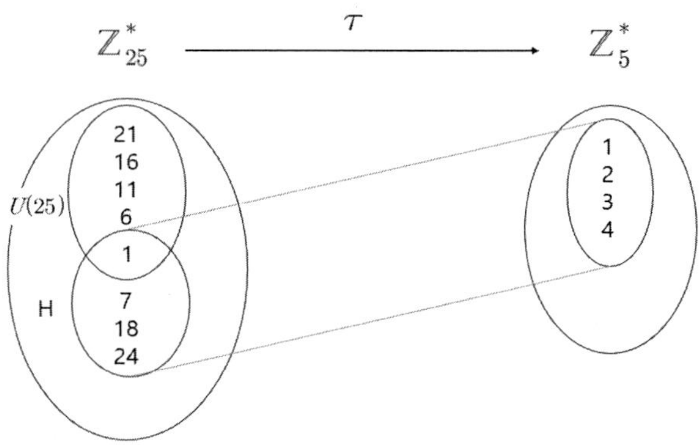

$$H = \{1, 7, 18, 24\},\ \ U(25) = \{1, 6, 11, 16, 21\},$$

$$\tau(H) = \{1, 2, 3, 4\},\ \ n = 5^2 = 25$$

$$v = 5,\ \ \phi(v) = 4$$

연습문제 (2)

다음 각각의 n에 대하여 $H \cap U(n) = \{1\}$의 조건을 만족시키는 H를 구하시오.

① $n = 27$

② $n = 49$

③ $n = 121$

이제 정리 4.2.1에 대한 증명을 시작한다.

먼저 정리 4.2.1의 ①을 증명하자.

$\tau : \mathbb{Z}_n^* \to \mathbb{Z}_v^*$ 를 표준준동형사상(Canonical homomorphism)이라고 하자. 그러면, $Ker(\tau) = U(n)$ 이다. 조건 $H \cap U(n) = \{1\}$에 의하여 $\tau|_H$는 동형사상이 된다.

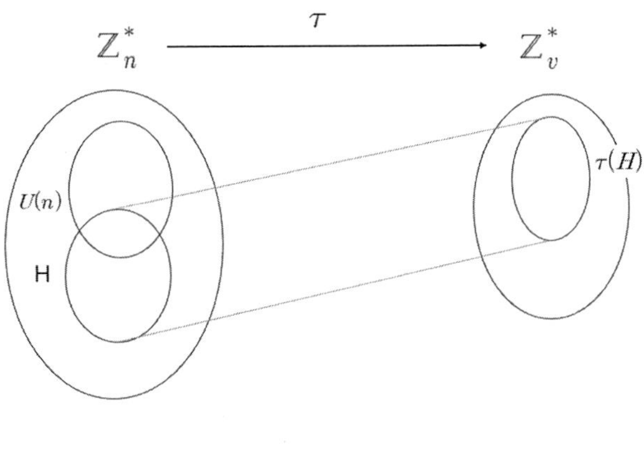

$\tau(H)$는 $\mathbb{Z}_v^*$ 의 부분군이므로 $|\tau(H)|$는 $|\mathbb{Z}_v^*| = \phi(v)$의 약수이다.
또한 $|H|$는 $|\tau(H)|$와 같으므로 $|H|$도 $\phi(v)$의 약수이다.

다음은 정리 4.2.1의 ②에 대한 증명이다.

$|H|$는 $\phi(v)$의 약수이므로 $h \in H$에 대하여
$(\tau(h))^{\phi(v)} = \tau(h^{\phi(v)}) = \tau(1) = 1 \pmod{v}$ 이다.
따라서 $h^{\phi(v)}$ 는 $Ker(\tau) = U(n)$의 원소이다.
또한 $h^{\phi(v)}$ 는 H의 원소이다.
그러므로 조건 $H \cap U(n) = \{1\}$에 의하여
$h^{\phi(v)} \equiv 1 \pmod{n}$ 이 성립한다.

다음은 정리 4.2.1의 ③에 대한 증명이다.

$n = p^\alpha$ ($p \geq 3$인 소수) 일 때,
$v = p$이고 $\phi(v) = p - 1$ 이다.
$h \in H$ 일 때, $h^{\phi(v)} \equiv 1 \pmod{p^\alpha}$ 이므로
$h^{p-1} \equiv 1 \pmod{p^\alpha}$, 즉 $h \in L(p^\alpha)$ 이다.
따라서 $H \subset L(p^\alpha)$ 이다.

정리 4.2.2

$n = p^\alpha$ ($p \geq 3$인 소수) 일 때,
$\{\zeta_n^h : h \in L(n)\}$은 $\mathbb{Q}$ 위에서 선형독립이다.

증명 먼저 $L(p^\alpha)$에서 $\mathbb{Z}_p^*$로 가는 표준 준동형사상 τ가
일대일 사상임을 증명하자.
$L(p^\alpha)$의 원소 h를 p로 나누면

$h = p \cdot q(h) + \tau(h)$를 얻는다.

h가 $\mathbb{Z}_{p^\alpha}^*$ 의 원소이므로 $\tau(h)$는 0이 아니다.

즉, $0 < \tau(h) < p$ 가 성립한다.

$L(p^\alpha)$의 두 원소 h_1과 h_2에 대하여

$\tau(h_1) = \tau(h_2)$라고 하자.

그러면 $h_1 \equiv h_2 \pmod{p}$ 이다.

$\widetilde{h_1}$를 $L(p^\alpha)$에 있는 h_1의 역원이라고 하자.

그러면 $\widetilde{h_1} h_1 \equiv \widetilde{h_1} h_2 \pmod{p}$ 이고

$1 \equiv \widetilde{h_1} h_2 \pmod{p}$가 된다.

따라서 $\widetilde{h_1} h_2 \in U(p^\alpha)$이다.

또한 $\widetilde{h_1} h_2$는 $L(p^\alpha)$의 원소이므로 $\widetilde{h_1} h_2 = 1$이다.

$(\because \ L(p^\alpha) \cap U(p^\alpha) = \{1\})$

따라서 $h_1 = h_2$이다.

즉 τ은 일대일 함수이다.

만약 $\left\{\zeta_n^h \mid h \in L(n)\right\}$ 이 $\mathbb{Q}$ 위에서 선형독립이 아니라면,

다음과 같은 $c_j \in \mathbb{Q}$ 이 존재한다.

이때, 모든 c_j가 0인 것은 아니다.

$$\begin{aligned} 0 &= \sum_{h \in L(n)} c_j \zeta_n^h \\ &= \sum_{h \in L(n)} c_j \zeta_{p^{\alpha-1}}^{q(h)} \zeta_{p^\alpha}^{\tau(h)} \\ &= \zeta_{p^\alpha} \sum_{h \in L(n)} c_j \zeta_{p^{\alpha-1}}^{q(h)} \zeta_{p^\alpha}^{\tau(h)-1} \end{aligned}$$

$p(x) = \sum_{h \in L(n)} c_j \zeta_{p^{\alpha-1}}^{q(h)} x^{\tau(h)-1}$ 은 $\mathbb{Q}\left(\zeta_{p^{\alpha-1}}\right)[x]$의 원소이고 차수는 $p-1$ 보다 작다.

그리고 ζ_n은 $p(x)$의 해가 되어 이는 모순이다.

왜냐하면 $\left[\mathbb{Q}\left(\zeta_{p^\alpha}\right) : \mathbb{Q}\left(\zeta_{p^{\alpha-1}}\right)\right] = \dfrac{\phi(p^\alpha)}{\phi(p^{\alpha-1})}$ 이고

이 값은 $\alpha = 1$ 일 때 $p-1$이고, $a > 1$ 이면 p 이다.

즉, ζ_n의 최소다항식의 차수는 최소 $p-1$ 이기 때문에 모순이다.

> **정리 4.2.3**
>
> $n = 2^\alpha$ 이고 $H \cap U(n) = \{1\}$이면 $\left\{\zeta_n{}^h \mid h \in H\right\}$ 는 $\mathbb{Q}$ 위에서 선형독립이다.
>
> 이 정리에 대한 증명은 2가지 방법이 있다.

증명 (증명) 방법 (i)

먼저, $\alpha = 1$, $\alpha = 2$ 이면 $\mathbb{Z}_n^* = U(n)$ 이다.

조건 $H \cap U(n) = \{1\}$ 에 의하여 $H = \{1\}$ 이므로 성립한다.

이제 $\alpha \geq 3$ 일 때, $U(n) = \left\{x \in \mathbb{Z}_n^* \mid x \equiv 1 \pmod{4}\right\}$, $v = 4$ 에 대하여 $\phi(v) = \phi(4) = 2$ 이므로 H의 위수는 1 또는 2이다.

$H = \{1\}$이면 성립한다. $|H| = 2$일 때, $H = \{1, a\}$라고 두자. 이때, $|a| = 2$이다.

이제 $x^2 \equiv 1 \pmod{2^\alpha}$의 해를 구해보자.

$(x = 2k-1,\ k = 1, \cdots, 2^{\alpha-1})$

$$
\begin{aligned}
x^2 \equiv 1 \pmod{2^\alpha} &\Leftrightarrow (2k-1)^2 \equiv 1 \pmod{2^\alpha} \\
&\Leftrightarrow 4k^2 - 4k \equiv 0 \pmod{2^\alpha} \\
&\Leftrightarrow k(k-1) \equiv 0 \pmod{2^{\alpha-2}} \\
&\Leftrightarrow 2^{\alpha-2} \mid k \text{ 또는 } 2^{\alpha-2} \mid k-1
\end{aligned}
$$

따라서 $k = 2^{\alpha-2}$, $k = 2^{\alpha-1}$, $k-1 = 0$, $k-1 = 2^{\alpha-2}$ 이다.
이때, 차례대로 각각의 k에 대하여 x를 계산해 보면, 다음의 세 값을 얻는다.
$x = 2^{\alpha-1} - 1$, $x \equiv -1$, $x \equiv 1$
네 번째, $k-1 = 2^{\alpha-2}$ 인 경우에는
$x = 2k-1 = 2(k-1)+2-1 = 2^{\alpha-1}+1 \in U(n)$ 이므로
제외한다.
즉, $\left\{\zeta_n, \zeta_n{}^{2^{\alpha-1}-1}\right\} = \left\{\zeta_n, -\zeta_n{}^{-1}\right\}$ 또는 $\left\{\zeta_n, \zeta_n{}^{-1}\right\}$ 가 되어
두 경우 모두 $\mathbb{Q}$ 위에서 선형 독립이다.

(증명) 방법 (ii)
먼저, $\alpha = 1$, $\alpha = 2$ 일 때, $U(n) = \mathbb{Z}_n^*$이다.
따라서 조건 $H \cap U(n) = \{1\}$은 $H = \{1\}$이라는 것을 의미한다.
이 경우는 당연히 선형독립이다.

이제 $\alpha \geq 3$일 때, 정리 4.2.1에 의하여
$H \cap U(n) = \{1\}$은 $|H|$가 $\phi(v)$의 약수임을 의미한다.
$\phi(v) = \phi(4) = 2$이므로 $|H| = 1$ 또는 $|H| = 2$이다.
$|H| = 1$인 경우는 당연히 선형 독립이다.
$H = \{1, a\}$인 경우를 살펴보자.
만약 $\left\{\zeta_n, \zeta_n{}^a\right\}$가 선형 독립이 아니라면 $\zeta_n{}^{a-1} \in \mathbb{Q}$ 이 되어야 한다.
$[\mathbb{Q}(\zeta_n) : \mathbb{Q}] = \phi(v)$이므로 $\mathbb{Q}$ 위에서 ζ_n의 최소다항식의 차수는 $\phi(n)$이다. $\zeta_n{}^{a-1} \in \mathbb{Q}$ 라면 $a-1$은 $\phi(n) = 2^{\alpha-1}$의 배수가 되어야 한다. $a-1 = 2^{\alpha-1}$이고 $a = 2^{\alpha-1}+1$ 이 되어야 한다.
그러면 $a \in U(n)$이므로 모순이다.

연습문제 (3)

다음 각각의 n에 대하여 $H \cap U(n) = \{1\}$의 조건을 만족시키는 H를 구하시오.

① $n = 8$

② $n = 16$

③ $n = 32$

힌트 $n = 8$, $n = 16$, $n = 32$인 경우는 모두 8의 배수이다.
따라서 $v = 4$이고, $U(8) = \{1, 5\}$, $U(16) = \{1, 5, 9, 13\}$,
$U(32) = \{1, 5, 9, 13, 17, 21, 25, 29\}$ 가 된다.

정리 4.2.4

$(m, n) = 1$일 때, $x \in \mathbb{Z}_n^*$에 대하여 $\{\zeta_n^h | h \in H\}$가 $\mathbb{Q}(\zeta_m)$ 위에서 선형 독립이면 $\{\zeta_n^{xh} | h \in H\}$도 $\mathbb{Q}(\zeta_m)$ 위에서 선형 독립이다.

증명 갈루아 동형사상 $\sigma_x : \mathbb{Q}(\zeta_m, \zeta_n)$ over $\mathbb{Q}(\zeta_m)$을 이용한다.
단, $\sigma_x(\zeta_m) = \zeta_m$, $\sigma_x(\zeta_n) = \zeta_n{}^x$ 이다.
즉, σ_x는 $\mathbb{Q}(\zeta_m, \zeta_n)$에서 $\mathbb{Q}(\zeta_m, \zeta_n)$으로 가는 동형사상 중에서 $\mathbb{Q}(\zeta_m)$을 고정시키는 함수이다.
$\{\zeta_n^{xh} | h \in H\}$가 선형종속이면, $C_{xh} \in \mathbb{Q}(\zeta_m)$에 대하여
$\sum C_{xh} \zeta_n^{xh} = 0$, (단, 각 $C_{xh} \neq 0$) 이 성립한다.

위 등식의 양변에 $\sigma_{x^{-1}}$를 적용하면,

$\sigma_{x^{-1}}(\sum C_{xh}\zeta_n^{xh}) = \sigma_{x^{-1}}(0)$,

$\sum C_{xh}\,\sigma_{x^{-1}}(\zeta_n^{xh}) = 0$, $\sum C_{xh}\,\zeta_n^{h} = 0$ 이 된다.

따라서 $\{\zeta_n^h \mid h \in H\}$는 선형종속이다.

보조정리 4.2.5

$n = mp^\alpha$, $(m, p) = 1$이고 p는 n의 소수 인수 중 가장 큰 수라고 하자. 그러면, $H \cap U(n) = \{1\}$일 때, 다음이 성립한다.

① $\tau_2(H) \subset L(p^\alpha)$

② $K = \{k \in H \mid k \equiv 1 \pmod{p^\alpha}\}$ 일 때, $K \simeq \tau_1(K)$이다.

③ 위의 K에 대하여 $\tau_1(K) \cap U(m) = \{1\}$이다.

여기서 $\tau_1 : \mathbb{Z}_n^* \to \mathbb{Z}_m^*$ 와 $\tau_2 : \mathbb{Z}_n{}^* \to \mathbb{Z}_{p^\alpha}{}^*$는 표준준동형사상 (Canonical homomorphism)이다.

증명 ① 만약 $H \cap U(n) = \{1\}$이라면

정리 4.2.1에 의하여 $|H|$는 $\phi(v)$의 약수이다.

따라서 $h \in H$ 일 때, $h^{\phi(v)} \equiv 1 \pmod n$이 성립한다.

그러면 $\tau_2(h^{\phi(v)}) \equiv (\tau_2(h))^{\phi(v)} \equiv 1 \pmod{p^\alpha}$가 된다.

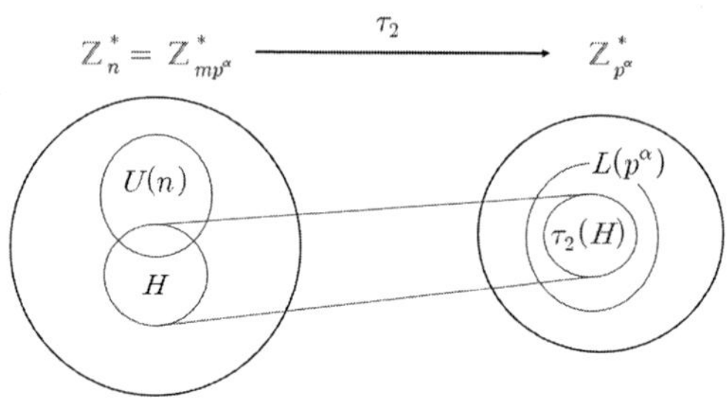

또한 오일러 정리에 의하여, $(\tau_2(h))^{\phi(p^\alpha)} \equiv 1 \pmod{p^\alpha}$ 이다.

따라서 $(\bmod\, p^\alpha)$에서 $\tau_2(h)$의 위수는 $\phi(v)$와 $\phi(p^\alpha)$의 공약수이다.

소수 p는 n의 가장 큰 소인수이므로 $(\phi(v), p) = 1$이다.

따라서 $(\phi(v), \phi(p^\alpha)) = (p-1)(\phi(v(m)), p^{\alpha-1}) = p-1$이다.

그러면 $(\bmod\, p^\alpha)$에서 $\tau_2(h)$의 위수는 $p-1$의 약수이다.

따라서 $\tau_2(h)$는 $L(p^\alpha)$의 원소이다.

②

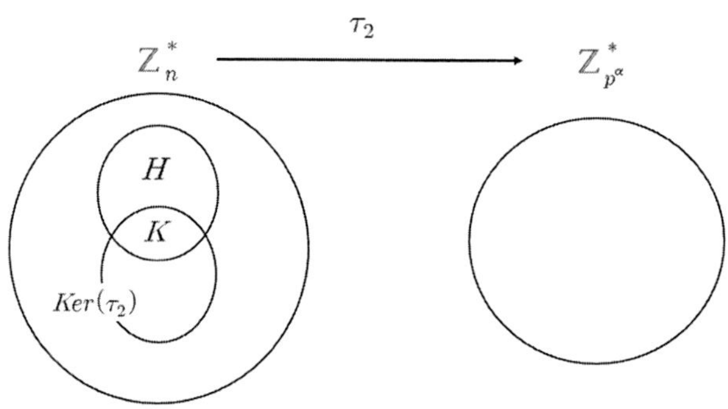

$n = mp^\alpha$, p는 n의 가장 큰 소인수라고 하자.

또한 $H \cap Ker(\tau_2)$는 K라 하자.

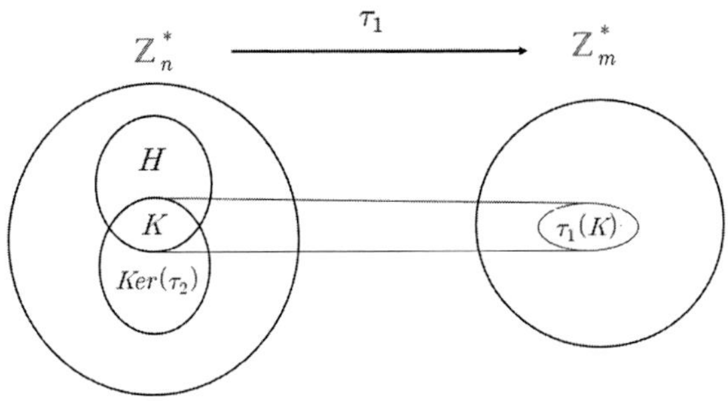

$Ker(\tau_2) \cap Ker(\tau_1)$은 $U(n)$의 부분집합이다.
따라서 $K \cap Ker(\tau_1) = H \cap Ker(\tau_2) \cap Ker(\tau_1)$은 $H \cap U(n)$의 부분집합이다. 그런데 $H \cap U(n) = \{1\}$이므로 $K \cap Ker(\tau_1) = \{1\}$이다. 따라서 $K \simeq \tau_1(K)$이다.

③ $t \in \tau_1(K) \cap U(m)$이라고 하자.

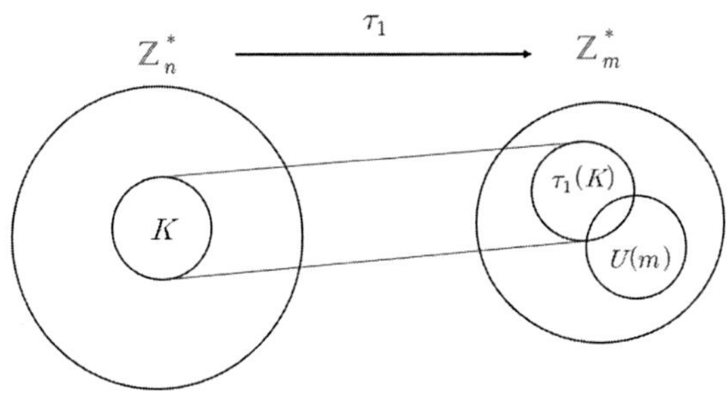

그러면 K의 한 원소 k는 $k \equiv t \,(\mathrm{mod}\, m)$이 되고
$t \equiv 1 \,(\mathrm{mod}\, v(m))$이 성립한다.
$t \equiv k \,(\mathrm{mod}\, m)$이면 $t \equiv k \,(\mathrm{mod}\, v(m))$이 성립한다.
따라서 $k \equiv 1 (\mathrm{mod}\, v(m))$이다.
또한 $k \in K$ 이면 k는 $Ker(\tau_2)$의 원소이므로
$k \equiv 1 \,(\mathrm{mod}\, p^{\alpha})$이다.

따라서 $k \equiv 1 \pmod{v(p^\alpha)}$이다.
$(v(m), v(p^\alpha)) = 1$이므로 $k \equiv 1 \pmod{v(mp^\alpha)}$이다.
즉, $k \in U(n)$이다.
또한 K는 H의 부분군이므로 $k \in H \cap U(n)$이다.
따라서 $k \equiv 1 \pmod n$이다.
즉, $t \equiv k \equiv 1 \pmod m$을 얻는다.

예시 (3)

$n = 45$일 때, $\mathbb{Z}_{45}^* = \begin{Bmatrix} 1, 2, 4, 7, 8, 11, 13, 14, 16, 17, 19, 22, 23, \\ 26, 28, 29, 31, 32, 34, 37, 38, 41, 43, 44 \end{Bmatrix}$이다.

$U(n) = U(45) = \{1, 16, 31\}$이고, $H = \{1, 19, 26, 44\}$를 선택하면 $H \cap U(n) = \{1\}$이 된다.

이때, $Ker(\tau_2) = \{1, 11, 16, 26, 31, 44\}$이고,
$Ker(\tau_1) = \{1, 19, 28, 37\}$이다.

$K = H \cap Ker(\tau_2) = \{1, 26\}$이고, $\tau_1(K) = \{1, 8\}$이다.
$U(m) = U(9) = \{1, 4, 7\}$이다.

따라서 $\tau_1(K) \cap U(m) = \{1\}$ 임을 확인할 수 있다.

위의 예시 (3)의 내용을 그림으로 확인해 보자.

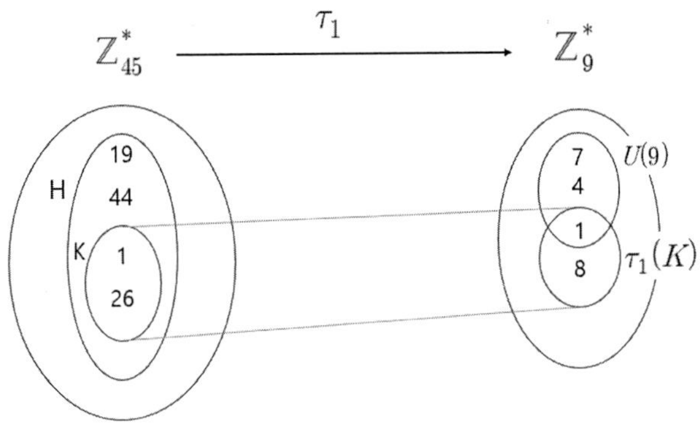

$H = \{1, 19, 26, 44\}$ $\tau_1(K) = \{1, 8\}$

$K = \{1, 26\}$ $U(9) = \{1, 4, 7\}$

$U(45) = \{1, 16, 31\}$

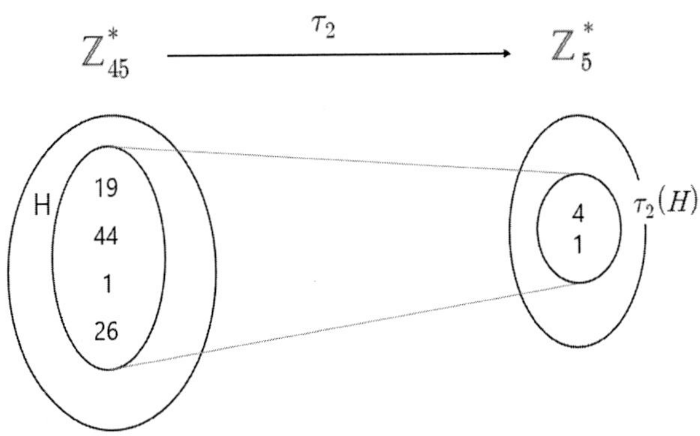

$H = \{1, 19, 26, 44\}$ $\tau_2(H) = \{1, 4\}$

$U(45) = \{1, 16, 31\}$ $L(5) = \{1, 2, 3, 4\}$

예시 (4)

$n=80$일 때, $\mathbb{Z}_{45}^{*}=\begin{Bmatrix}1,3,7,9,11,13,17,19,\\21,23,27,29,31,33,37,39,\\41,43,47,49,51,53,57,59,\\61,63,67,69,71,73,77,79\end{Bmatrix}$ 이다.

$U(n)=U(80)=\{1,21,41,61\}$이고, $H=\{1,7,49,23\}$를 선택하면 $H\cap U(n)=\{1\}$이 된다.

이때, $Ker(\tau_2)=\{1,11,21,31,41,51,61,71\}$이고, $Ker(\tau_1)=\{1,19,33,49\}$이다.

$K=H\cap Ker(\tau_2)=\{1\}$이고, $\tau_1(K)=\{1\}$이다.
$U(m)=U(16)=\{1,5,9,13\}$이다.

따라서 $\tau_1(K)\cap U(m)=\{1\}$ 임을 확인할 수 있다.

위의 예시 (4)의 내용을 그림으로 확인해 보자.

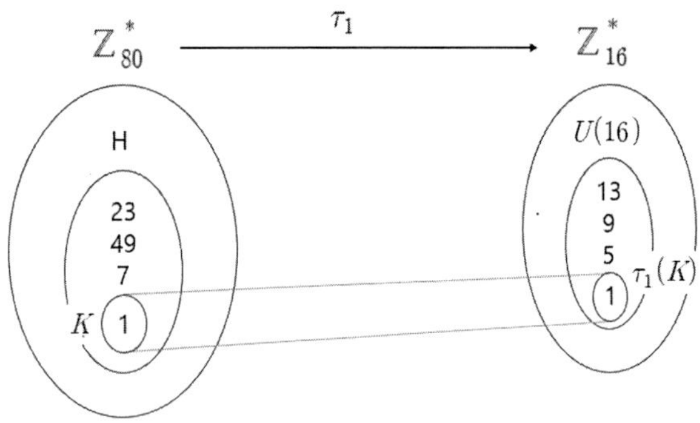

$H = \{1, 7, 49, 23\}$ $\tau_1(K) = \{1\}$

$K = \{1\}$ $U(16) = \{1, 5, 9, 13\}$

$U(80) = \{1, 21, 41, 61\}$

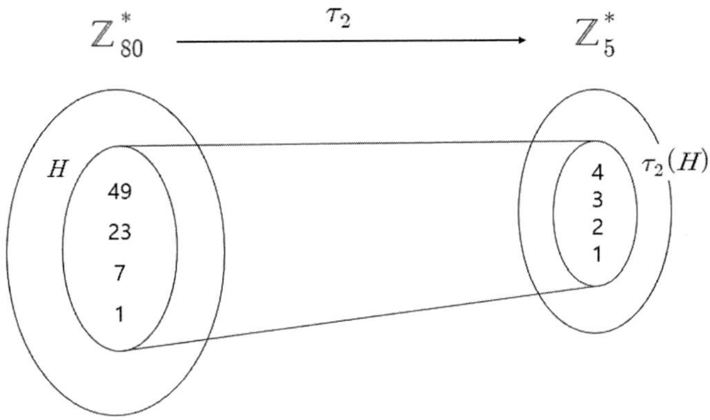

$H = \{1, 7, 49, 23\}$ $\tau_2(H) = \{1, 2, 3, 4\}$

$U(80) = \{1, 21, 41, 61\}$ $L(5) = \{1, 2, 3, 4\}$

연습문제 (4)

다음 각각의 n에 대하여 $H \cap U(n) = \{1\}$의 조건을 만족시키는 H를 구하고, K를 확인하시오.

① $n = 99$ ② $n = 135$

③ $n = 63$ ④ $n = 75$

⑤ $n = 100$

정리 4.2.6

H가 $\mathbb{Z}_n^*$의 진부분군이고, $H \cap U(n) = \{1\}$이면 $\{\zeta_n{}^h \mid h \in H\}$는 유리수체 $\mathbb{Q}$ 위에서 선형독립이다.

증명 수학적 귀납법을 이용한다.

정리4.2.2와 정리4.2.3에 의하여 $n = p^\alpha$, $(p \geq 3$ 소수)

$n = 2^\alpha$인 경우에는 성립한다.

$n = p_1{}^{\alpha_1} p_2{}^{\alpha_2} \cdots p_{r-1}{}^{\alpha_{r-1}}$인 경우에는 성립한다고 가정한다.

$p_1 < p_2 < \cdots < p_{r-1}$은 서로 다른 소수이다.

이제 $n = p_1{}^{\alpha_1} p_2{}^{\alpha_2} \cdots p_r{}^{\alpha_r}$인 경우를 살펴보자.

$p_1 < p_2 < \cdots < p_{r-1} < p_r$은 서로 다른 소수이다.

$q_1 = p_1{}^{\alpha_1} p_2{}^{\alpha_2} \cdots p_{r-1}{}^{\alpha_{r-1}}$, $q_2 = p_r{}^{\alpha_r}$으로 두자.

표준준동형사상 τ_1과 τ_2를 다음과 같이 정의하자.

$\tau_1 = \mathbb{Z}_n^* \to \mathbb{Z}_{q_1}^*$, $\tau_2 = \mathbb{Z}_n^* \to \mathbb{Z}_{q_2}^*$

이때, $(q_1, q_2) = 1$이므로 $xq_1 + yq_2 \equiv 1 \pmod{q_1 q_2}$를 만족시키는 x, y가 존재한다.

$$\begin{aligned}\sum_{h \in H} c_h \zeta_n{}^h &= \sum_{h \in H} c_h \zeta_n{}^{h(xq_1 + yq_2)} \\ &= \sum_{h \in H} c_h \zeta_n^{hxq_1} \zeta_n^{hyq_2} \\ &= \sum_{h \in H} c_h \zeta_{q_1}^{hy} \zeta_{q_2}^{hx} \\ &= \sum_{h \in H} c_h \zeta_{q_1}^{y\tau_1(h)} \zeta_{q_2}^{x\tau_2(h)}\end{aligned}$$

$K = \{h \in H \mid h \equiv 1 \pmod{q_2}\}$로 정의하면, K는 H의 부분군이 된다. 이제 h_1K, h_2K, $\cdots$, h_lK를 K의 잉여류라고 하자

그러면 $h \in h_jK$ 이면, $\tau_2(h) = \tau_2(h_j)$가 성립한다.

$$\sum_{h \in H} c_h {\zeta_n}^h = \sum_{h \in h_1 K} c_h {\zeta_{q_1}}^{y\tau_1(h)} {\zeta_{q_2}}^{x\tau_2(h)} + \cdots + \sum_{h \in h_l K} c_h {\zeta_{q_1}}^{y\tau_1(h)} {\zeta_{q_2}}^{x\tau_2(h)}$$

$$= \Big(\sum_{h \in h_1 K} c_h {\zeta_{q_1}}^{y\tau_1(h)} \Big) {\zeta_{q_2}}^{x\tau_2(h_1)} + \cdots + \Big(\sum_{h \in h_l K} c_h {\zeta_{q_1}}^{y\tau_1(h)} \Big) {\zeta_{q_2}}^{x\tau_2(h_l)}$$

정리 4.2.5에 의하여

$\{\tau_2(h_1), \cdots, \tau_2(h_l)\} \subset L(q_2)$이고,

정리 4.2.3에 의하여

$\left\{ {\zeta_{q_2}}^{\tau_2(h_1)}, \cdots, {\zeta_{q_2}}^{\tau_2(h_l)} \right\}$은 $\mathbb{Q}(\zeta_{q_1})$위에서 선형독립이다.

또한, 정리 4.2.4에 의하여

$\left\{ {\zeta_{q_2}}^{x\tau_2(h_1)}, \cdots, {\zeta_{q_2}}^{x\tau_2(h_l)} \right\}$도 $\mathbb{Q}(\zeta_{q_1})$위에서 선형독립이다.

따라서 $\sum_{h \in H} c_h {\zeta_n}^h = 0$ 라면

$j = 1, \cdots, l$ 에 대하여 각각 $\sum_{h \in h_j K} c_h {\zeta_{q_1}}^{y\tau_2(h)} = 0$이 된다.

정리 4.2.5에 의하여

$K \cong \tau_1(K)$이고 $\tau_1(K) \cap U(q_1) = \{1\}$이다.

$q_1 = {p_1}^{\alpha_1} {p_2}^{\alpha_2} \cdots {p_{r-1}}^{\alpha_{r-1}}$ 에서 수학적 귀납법 가정에 의하여

$\left\{ {\zeta_{q_1}}^{\tau_1(h)} \mid h \in K \right\}$는 $\mathbb{Q}$ 위에서 선형독립이다.

마찬가지로 $\left\{ {\zeta_{q_1}}^{y\tau_1(h)} \mid h \in h_j K \right\} = \left\{ {\zeta_{q_1}}^{y\tau_1(h_j)} \mid h \in K \right\}$ 는

정리 4.2.4에 의하여 선형독립이다.

그러므로 각각의 $j = 1, \cdots, l$ 에 대하여 $\sum_{h \in h_j K} c_h {\zeta_{q_1}}^{y\tau_2(h)} = 0$ 이면

임의의 $h \in H$에 대하여 $c_h = 0$ 이다.

예시 (5)

$n = 45 = 9 \times 5$일 때, $q_1 = 9$, $q_2 = 5$이고, $xq_1 + yq_2 = 1$에서 $x = -1$, $y = 2$를 구할 수 있다.

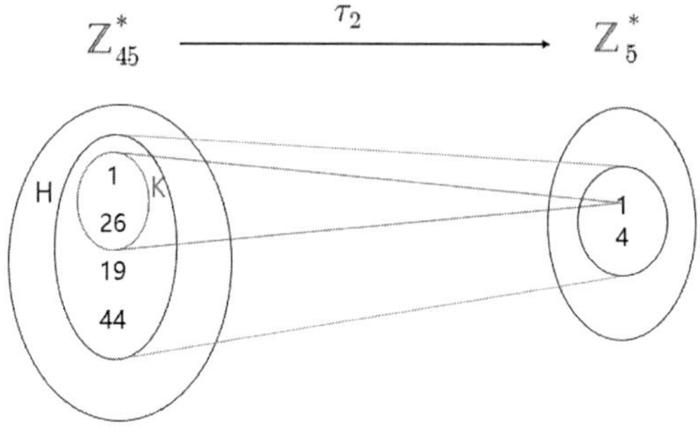

$U(45)=\{1,16,31\}$

$H=\{1,26,19,44\}$

$K=\{h\in H \mid h\equiv 1\ (\mathrm{mod}\ q_2)\}=\{1,26\}$

$$0=c_1\zeta^{(xq_1+yq_2)}+c_2\zeta^{26(xq_1+yq_2)}+c_3\zeta^{44(xq_1+yq_2)}+c_4\zeta^{19(xq_1+yq_2)}$$

$$=c_1\zeta_{q_2}^{x}\zeta_{q_1}^{y}+c_2\zeta_{q_2}^{26x}\zeta_{q_1}^{26y}+c_3\zeta_{q_2}^{44x}\zeta_{q_1}^{44y}+c_4\zeta_{q_2}^{19x}\zeta_{q_1}^{19y}$$

$$=\left(c_1\zeta_{q_1}^{y}+c_2\zeta_{q_1}^{26y}\right)\zeta_{q_2}^{x}+\left(c_3\zeta_{q_1}^{44y}+c_4\zeta_{q_1}^{19y}\right)\zeta_{q_2}^{4x}$$

$\left\{\zeta_{q_2}^{x},\ \zeta_{q_2}^{4x}\right\}=\left\{\zeta_5^{4},\ \zeta_5^{1}\right\}$은 $\mathbb{Q}(\zeta_{q_1})=\mathbb{Q}(\zeta_9)$위에서 선형독립이다. 따라서 $c_1\zeta_{q_1}^{y}+c_2\zeta_{q_1}^{26y}=0$ 이고 $c_3\zeta_{q_1}^{44y}+c_4\zeta_{q_1}^{19y}=0$ 이다.

$\left\{\zeta_{q_1}^{1},\ \zeta_{q_1}^{26}\right\}=\left\{\zeta_9^{1},\ \zeta_9^{26}\right\}=\left\{\zeta_9^{1},\ \zeta_9^{8}\right\}$은 $\mathbb{Q}$ 위에서 선형독립이다. 따라서 $\left\{\zeta_{q_1}^{y},\ \zeta_{q_1}^{26y}\right\}$도 $\mathbb{Q}$ 위에서 선형독립이다.

그러므로 관계식 $c_1\zeta_{q_1}^{y}+c_2\zeta_{q_1}^{26y}=0$에서 $c_1=0,\ c_2=0$을 얻는다. 마찬가지로 $\left\{\zeta_{q_1}^{44y},\ \zeta_{q_1}^{19y}\right\}$도 $\mathbb{Q}$ 위에서 선형독립이다. 그러므로 관계식 $c_3\zeta_{q_1}^{44y}+c_4\zeta_{q_1}^{19y}=0$에서 $c_3=0,\ c_4=0$을 얻는다.

연습문제 (5)

아래 ①~④까지 주어진 n과 부분군 H에 대하여 $\{\zeta_n^h \mid h \in H\}$는 유리수체 $\mathbb{Q}$ 위에서 선형독립임을 보이시오.

힌트 K를 이용하여 예시와 같은 방법을 적용한다.

① $n = 126$, $H = \{1, 11, 121, 71, 25, 23\}$

② $n = 56$, $H = \{1, 11, 9, 43, 25, 51\}$

③ $n = 80$, $H = \{1, 19, 41, 59\}$

④ $n = 99$, $H = \{1, 23, 34, 89, 67, 56\}$

연습문제 (6)

$n = 8 \times 7 = 56$일 때, $U(n) = \{1, 29\}$이다. $H = \{1, 9, 43, 25, 51, 11\}$일 때, K를 찾고 $\{\zeta_n^h \mid h \in H\}$가 유리수체 $\mathbb{Q}$ 위에서 선형독립임을 보이시오.

힌트 $K = \{1, 43\}$이고, $9K = \{9, 51\}$, $4K = \{11, 25\}$ 이다.

4.3 주 정리(Main theorem)의 증명

원분다항식, 준원분다항식과 변형된 준원분다항식은 항상 기약다항식이다. 그러나 일반화된 원분다항식 $J_{n,H}(x)$은 H의 조건에 따라 기약다항식이 되는 경우와 가약다항식 x^l이 되는 경우로 나뉜다.

부분군 H는 다음 둘 중의 하나의 조건을 만족시킨다.
$H \cap U(n) \neq \{1\}$ 또는 $H \cap U(n) = \{1\}$ 이다.

$H \cap U(n) \neq \{1\}$인 경우, 일반화된 원분다항식 $J_{n,H}(x) = x^l$이 되고, $H \cap U(n) = \{1\}$인 경우, 일반화된 원분다항식 $J_{n,H}(x)$는 기약다항식이 된다.

특히, $H \cap U(n) = \{1\}$이면 $\{\zeta_n^h \mid h \in H\}$는 $\mathbb{Q}$ 위에서 선형독립이다.

이 절에서 증명하는 주 정리(main theorem)는 위의 선형독립성을 이용하여 $J_{n,H}(x)$의 기약성을 증명한다.

정리 4.3.1

H가 곱셈군 $\mathbb{Z}_n^*$의 진부분군일 때, $H \cap U(n) \neq \{1\}$이면 $\sum_{h \in H} \zeta_n^h = 0$이다.

증명 $|H \cap U(n)| = d > 1$ 이라고 하자.
$|H \cap U(n)|$은 $U(n)$의 부분군이다.

따라서 d는 $U(n)$의 위수 $|U(n)| = \frac{n}{v}$ 의 약수이므로 $dq = \frac{n}{v}$와 같이 표현할 수 있다.

그러면 $\frac{n}{d} = vq$ 이다. 따라서 $\frac{n}{d}$는 v의 배수이다.

$K = \left\{m \in \mathbb{Z}_n^{\ *} \mid m \equiv 1 \ (\mathrm{mod}\ \frac{n}{d})\right\}$라고 하자.

그러면 K는 $U(n)$의 부분군이 되고, $|K| = d$이다.

$U(n)$이 순환군이므로 위수가 d인 부분군은 유일하다.

따라서 $K = H \cap U(n)$이다.

H안에서 K의 잉여류들을 $h_1K, h_2K, \cdots, h_sK$ 라고 하자.

여기서 $S = \frac{|H|}{d}$이다.

$$\begin{aligned}
\sum_{h \in H} \zeta_n{}^{h} &= \sum_{j=1}^{s} \Big(\sum_{h \in H} \zeta_n{}^{h_jK} \Big) \\
&= \sum_{j=1}^{s} \Big(\sum_{l=0}^{d-1} \zeta_n{}^{h_j(1 + l(\frac{n}{d}))} \Big) \\
&= \sum_{j=1}^{s} \zeta_n{}^{h_j} \Big(\sum_{l=0}^{d-1} (\zeta_n{}^{h_j(\frac{n}{d})})^{l} \Big) \\
&= \sum_{j=1}^{s} \zeta_n{}^{h_j} \Bigg(\frac{1 - (\zeta_n{}^{h_j\frac{n}{d}})^{d}}{1 - \zeta_n{}^{\frac{n}{d}}} \Bigg) \\
&= 0
\end{aligned}$$

예시 (1)

$n=36$일 때, $v=6$이고 $U(n)=\{1,7,13,19,25,31\}$이다. $H=\{1,13,25,11,35,23\}$ 라고 하자.

그러면 $U(n)\cap H=\{1,13,25\}=K$ 이고 $H=K\cup 23K$ 이다. 따라서

$$\begin{aligned}\sum_{h\in H}\alpha^h &= (\alpha^1+\alpha^{13}+\alpha^{25})+\alpha^{23}(\alpha^1+\alpha^{13}+\alpha^{25})\\ &= \alpha\frac{1-(\alpha^{12})^3}{1-\alpha^{12}}+\alpha^{23}\frac{1-(\alpha^{12})^3}{1-\alpha^{12}}\\ &= 0\end{aligned}$$

예시 (2)

$n=135$일 때, $v=15$이고 $U(n)=\{1,16,31,46,61,76,91,106,121\}$이다. $H=\{1,46,91\}$ 라고 하자. 그러면 $U(n)\cap H=\{1,46,91\}=K$ 이다. 이 경우는 $H=K$ 이다. 따라서

$$\begin{aligned}\sum_{h\in H}\alpha^h &= \alpha^1+\alpha^{46}+\alpha^{91}=\alpha(1+\alpha^{45}+\alpha^{90})\\ &= \alpha\frac{1-(\alpha^{45})^3}{1-\alpha^{45}}\\ &= 0\end{aligned}$$

정리 4.3.2

H가 $\mathbb{Z}_n^*$의 부분군일 때, $M = \left\{ m \in \mathbb{Z}_n^* \mid \sum_{h \in H} \zeta_n^h = \sum_{h \in H} \zeta_n^{mh} \right\}$는

다음 성질을 갖는다.

① M은 $\mathbb{Z}_n^*$의 부분군이고, $H \le M$이다.

② $\sum_{m \in M} \zeta_n{}^m = \frac{|M|}{|H|} \sum_{h \in H} \zeta_n{}^h$

증명 $a \in \mathbb{Z}_n^*$에 대하여, $\sigma_a \in Gal(\mathbb{Q}(\zeta_n)/\mathbb{Q})$는 $\sigma_a(\zeta_n) = \zeta_n{}^a$로 정의되는 갈루아 함수로 표시한다.

$a \in M$, $b \in M$이라고 하자.

$$\begin{aligned}\sum_{h \in H} \zeta_n^{abh} &= \sigma_a\Big(\sum_{h \in H} \zeta_n^{bh}\Big) \\ &= \sigma_a\Big(\sum_{h \in H} \zeta_n^{h}\Big) \\ &= \sum_{h \in H} \zeta_n^{ah} \\ &= \sum_{h \in H} \zeta_n^{h}\end{aligned}$$

따라서, $ab \in M$이다.

$\tilde{a}$를 곱셈군 $\mathbb{Z}_n^*$에서 a의 역원이라고 하자.

$$\begin{aligned}\sum_{h \in H} \zeta_n^{\tilde{a}h} &= \sigma_{\tilde{a}}\Big(\sum_{h \in H} \zeta_n^{h}\Big) \\ &= \sigma_{\tilde{a}}\Big(\sum_{h \in H} \zeta_n^{ah}\Big) \\ &= \sum_{h \in H} \zeta_n^{h}\end{aligned}$$

따라서 $\tilde{a} \in M$이다.

이는 M이 $\mathbb{Z}_n^*$의 부분군임을 보여준다.

또한 $h' \in H$이면, $h'H = H$이다.

$$\sum_{h \in H} \zeta_n{}^{h} = \sum_{h \in H} \zeta_n{}^{h'h}$$

이는 H가 M의 부분집합임을 보여준다.

이제 M안에서 H의 잉여류를 $m_1H, m_2H, \cdots, m_lH$라고 하자.

그러면 $l = \dfrac{|M|}{|H|}$이다.

그리고

$$\begin{aligned}\sum_{m \in M} \zeta_n{}^{m} &= \sum_{j=1}^{l}\Big(\sum_{h \in H} \zeta_n{}^{m_jh}\Big)\\ &= \sum_{j=1}^{l}\Big(\sum_{h \in H} \zeta_n{}^{h}\Big)\\ &= l\Big(\sum_{h \in H} \zeta_n{}^{h}\Big)\end{aligned}$$

연습문제 (1)

다음 각각의 부분집합 H에 대하여 M을 계산하시오.

① $\mathbb{Z}_7^*$에서 $\begin{cases} H = \{1, 6\} \\ H = \{1, 2, 4\} \end{cases}$ 인 경우

② $\mathbb{Z}_8^*$에서 $\begin{cases} H = \{1, 3\} \\ H = \{1, 7\} \\ H = \{1, 5\} \end{cases}$ 인 경우

③ $\mathbb{Z}_9^*$에서 $\begin{cases} H = \{1, 8\} \\ H = \{1, 4, 7\} \end{cases}$ 인 경우

④ $\mathbb{Z}_{10}^*$에서 $H = \{1, 9\}$ 인 경우

정리 4.3.3

다음은 서로 동치이다.

① $\sum_{h\in H}{\zeta_n}^h \neq 0$

② $J_{n,H}(x)$는 $\mathbb{Q}$ 위에서 기약이다.

증명 ① ⇒ ②의 증명

$J_{n,H}(x)$가 기약이 아니라고 하자.

그러면 정리 4.1.3에 의하여 다음과 같은 $a\in \mathbb{Z}_n^*$가 존재한다.

$$a \notin H \text{ and } \sum_{h\in H}{\zeta_n}^h = \sum_{h\in H}{\zeta_n}^{ah}$$

그러면 $\{{\zeta_n}^k | k\in H\cup aH\}$는 선형종속이다.

$M = \left\{m\in \mathbb{Z}_n^* | \sum_{h\in H}{\zeta_n}^{mh} = \sum_{h\in H}{\zeta_n}^h\right\}$로 두면 다음이 성립한다.

$$\sum_{m\in M}{\zeta_n}^m = \frac{|M|}{|H|}\sum_{h\in H}{\zeta_n}^h$$

또한, M은 $H\cup aH$를 포함한다. 따라서 $\{{\zeta_n}^m | m\in M\}$ 은 선형종속이다.

정리 4.1.3 의 ①⇔③에 의하여 $\sum_{m\in M}{\zeta_n}^m = 0$이다.

그러나 $\sum_{m\in M}{\zeta_n}^m = \frac{|M|}{|H|}\sum_{h\in H}{\zeta_n}^h$이므로 $\sum_{h\in H}{\zeta_n}^h$은 0이 되어 모순이다.

② ⇒ ①의 증명

$\sum_{h\in H}{\zeta_n}^h = 0$이라 하자.

그러면 $a\in \mathbb{Z}_n^*$에 대하여 $\sigma_a(\sum_{h\in H}{\zeta_n}^h) = \sum_{h\in H}{\zeta_n}^{ah} = 0$이다.

$$\begin{aligned} J_{n,H}(x) &= \prod_{i=1}^{l}(x - \sum_{h \in H}\zeta_n{}^{h_i h}) \\ &= \prod_{i=1}^{l}(x - \sigma_{h_i}(\sum_{h \in H}\zeta_n{}^{h})) \\ &= \prod_{i=1}^{l}(x - 0) \\ &= x^l \end{aligned}$$

이므로 $J_{n,H}(x)$는 기약다항식이 아니다.

※ n의 값이 다음과 같이 특수한 경우에는 $J_{n,H}(x)$의 기약성을 비교적 간단하게 증명할 수 있다.

n이 제곱인수를 갖지 않을 때,
즉, $n = p_1 p_2 \cdots p_k$ ($p_1 < p_2 < \cdots < p_k$ 이고 서로 다른 소수)이면 모든 부분군 $H \leq \mathbb{Z}_n^*$에 대하여 $J_{n,H}(x)$는 기약다항식이다.

힌트 $\mu(n) \neq 0$을 이용한다.
($\mu(n)$은 1의 원시n제곱근의 합이다.)

4.4 일반화된 원분다항식 $J_{n,H}(x)$의 분해체

갈루아 이론을 이용하면 특정한 조건을 만족시키는 H에 대하여 일반화된 원분다항식이 유리수체 $\mathbb{Q}$ 위에서 기약다항식임을 증명할 수 있다. 이 절에서는 원분다항식의 분해체와 관련된 갈루아군을 계산해본다.

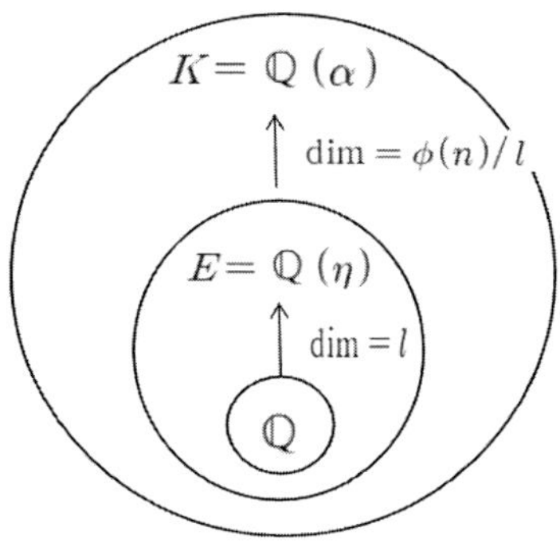

원분다항식 $\Phi_n(x)$의 분해체를 K 라고 하자. 유리수체 $\mathbb{Q}$ 위에서 벡터공간 K의 차원은 $\phi(n)$이다.

즉 $[K:\mathbb{Q}]=\phi(n)$이고, $\phi(n)$은 원분다항식 $\Phi_n(x)$의 차원이다.

그러면 $K=\mathbb{Q}(\alpha)$이고, α는 1의 원시 n제곱근 $e^{\frac{2\pi}{n}i}$이다.

곱셈군 $\mathbb{Z}_n^*$의 부분군 H가 $H\cap U(n)=\{1\}$인 경우에 가우스 합(Gauss sum), $\eta=\sum_{h\in H}\alpha^n$ 는 0이 아니다.

이 경우에 $J_{n,H}(x)$의 분해체를 E라고 하면, 유리수체 $\mathbb{Q}$ 위에서 벡터공간 E의 차원, $[E:\mathbb{Q}]=l$ 이다. 이때, $l=\left[\mathbb{Z}_n^*:H\right]$ 이다.

예시 (1)

$\Phi_9(x)=x^6+x^3+1$ 이다. $\mathbb{Z}_9^*=\{1,2,4,5,7,8\}$의 부분군 $H=\{1,8\}$에 대하여 $J_{9,H}(x)=x^3-3x+1$이다. H의 잉여류는 $\{1,8\}$, $\{2,7\}$, $\{4,5\}$가 존재한다. $\eta_1=\alpha^1+\alpha^8$, $\eta_2=\alpha^2+\alpha^7$, $\eta_3=\alpha^4+\alpha^5$ 일 때, $J_{9,H}(x)=(x-\eta_1)(x-\eta_2)(x-\eta_3)$이다.

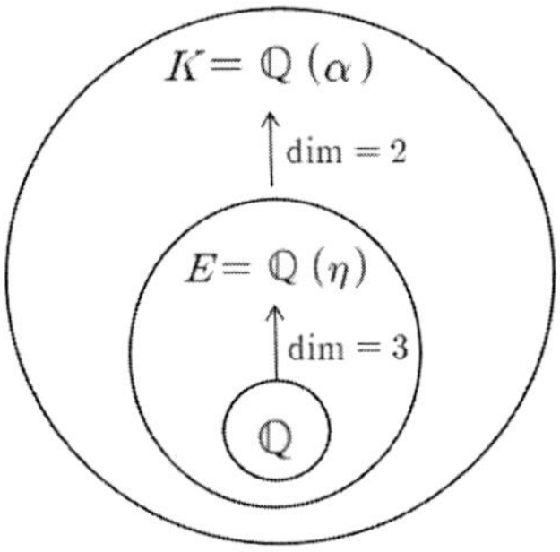

$Gal(K/\mathbb{Q})$는 $\mathbb{Z}_9^*=\{1,2,4,5,7,8\}$과 동형이다.

$Gal(K/\mathbb{Q})=\{\sigma_1,\sigma_2,\sigma_4,\sigma_5,\sigma_7,\sigma_8\}$이고 $\sigma_K(\alpha)=\alpha^K$로 정의된다. $Gal(K/E)=\{\sigma_1,\sigma_8\}$이다. $Gal(E/\mathbb{Q})=\{\sigma_1|_E,\sigma_2|_E,\sigma_4|_E\}$이고, $\sigma_1|_E=\sigma_8|_E$, $\sigma_2|_E=\sigma_7|_E$, $\sigma_4|_E=\sigma_5|_E$ 이다.

예시 (2)

$\Phi_{13}(x)=x^{12}+x^{11}+x^{10}+x^9+x^8+x^7+x^6+x^5+x^4+x^3+x^2+x+1$이다. $\mathbb{Z}_{13}^*$의 부분군 $H=\{1,3,9\}$에 대하여 $J_{13,H}(x)=x^4+x^3+2x^2-4x+3$이다.

H의 잉여류는 $H=\{1,3,9\}$, $2H=\{2,6,5\}$, $4H=\{4,12,10\}$, $7H=\{7,8,11\}$로 4개가 존재한다.

$\eta_1=\alpha^1+\alpha^3+\alpha^9$, $\eta_2=\alpha^2+\alpha^6+\alpha^5$, $\eta_3=\alpha^4+\alpha^{12}+\alpha^{10}$, $\eta_4=\alpha^7+\alpha^8+\alpha^{11}$ 일 때, $J_{13,H}(x)=(x-\eta_1)(x-\eta_2)(x-\eta_3)(x-\eta_4)$이다.

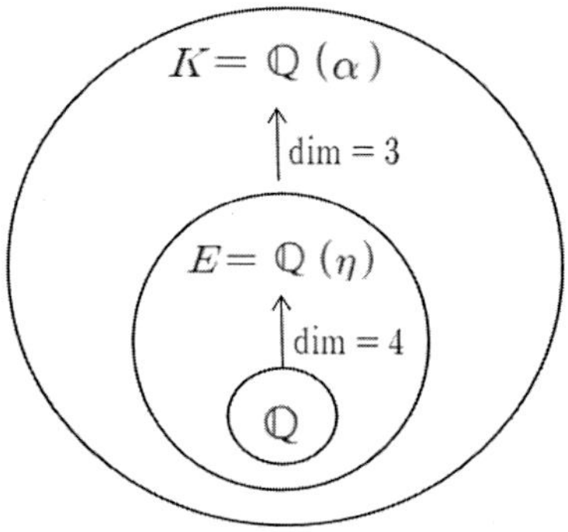

$Gal(K/\mathbb{Q})$는 $\mathbb{Z}_{13}^*=\{1,2,3,4,5,6,7,8,9,10,11,12\}$와 동형이다 . $Gal(K/\mathbb{Q})=\{\sigma_1,\sigma_2,\sigma_3,\sigma_4,\sigma_5,\sigma_6,\sigma_7,\sigma_8,\sigma_9,\sigma_{10},\sigma_{11},\sigma_{12}\}$이고 $\sigma_K(\alpha)=\alpha^K$ 로 정의된다.

$Gal(K/E) = \{\sigma_1, \sigma_3, \alpha_9\}$이다.

$Gal(E/\mathbb{Q}) = \{\sigma_1|_E, \sigma_2|_E, \sigma_4|_E, \sigma_7|_E\}$이고,

$$\sigma_1|_E = \sigma_3|_E = \sigma_9|_E,$$

$$\sigma_2|_E = \sigma_6|_E = \sigma_5|_E,$$

$$\sigma_4|_E = \sigma_{12}|_E = \sigma_{10}|_E,$$

$$\sigma_7|_E = \sigma_8|_E = \sigma_{11}|_E$$

이다.

부록 1.
수 체계(Number System)와 군, 벡터공간

① 수 체계는 덧셈과 곱셈의 두 가지 연산을 가지고 있는 집합이다.

② 수 체계 중에서 덧셈 구조가 잘 이루어져 있는 것을 좋은 수(환, Ring)이라고 한다.

③ 수 체계 중에서 덧셈 구조, 곱셈 구조가 모두 잘 이루어져 있는 것은 아주 좋은 수(체, Field)이다.

초·중등학교에서 4가지의 연산을 공부한다. 즉 덧셈, 뺄셈, 곱셈, 나눗셈의 사칙연산이다. 그런데 뺄셈은 더하기의 역원을 더하는 것으로 이해할 수 있다. 즉, $5-3=5+(-3)$이다. 또한 나눗셈은 곱하기의 역원을 곱하는 것으로 이해할 수 있다. 즉, $5\div 3=5\times\frac{1}{3}$이다. 따라서 수의 연산은 기본적으로 덧셈과 곱셈이 된다.

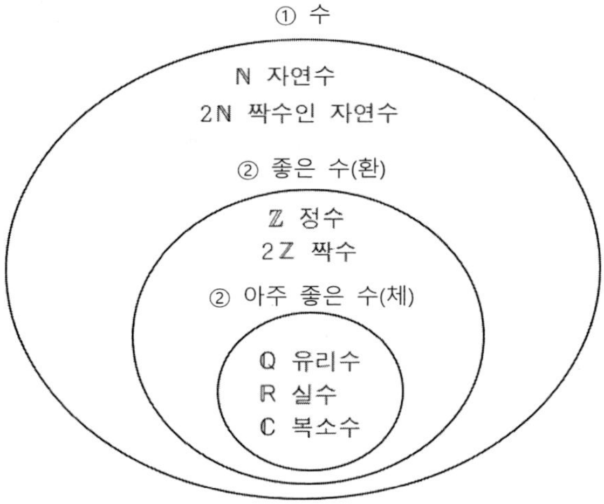

수 체계(Number System)의 벤다이어그램과 집합으로서 자연수, 정수, 유리수, … 의 벤다이어그램은 다르다.

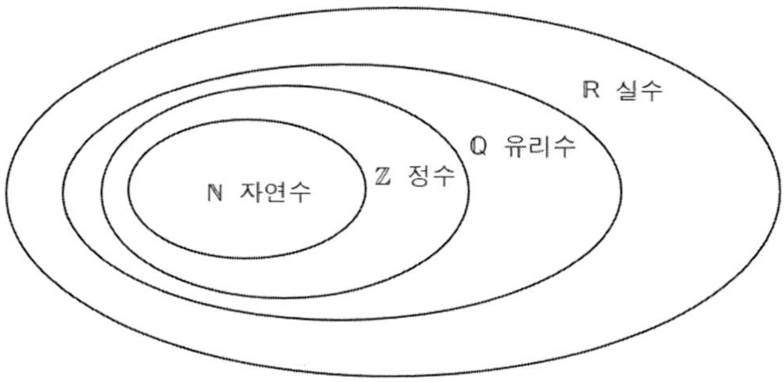

① 수 체계는 2개의 연산(덧셈과 곱셈)을 가지고 있는 집합으로서, 다음과 같은 성질을 갖는다.

(i) $a+b=b+a$ 덧셈의 교환법칙

(ii) $(a+b)+c=a+(b+c)$ 덧셈의 결합법칙

(iii) $(ab)c = a(bc)$ 곱셈의 결합법칙

(iv) $a(b+c) = ab + ac$ 분배법칙 $(a+b)c = ac + bc$

② 좋은 수(환, Ring) 체계는 수 체계 중에서 특히 덧셈 연산이 완전한 구조이다.

(i) 덧셈의 항등원을 갖는다.

(ii) 모든 원소는 덧셈의 역원을 갖는다.

③ 아주 좋은 수(체, Field) 체계는 좋은 수 체계 중에서 곱셈 연산이 완전한 구조이다. 따라서 아주 좋은 수는 덧셈 연산, 곱셈 연산이 완전한 구조이다.

(i) 곱셈의 항등원을 갖는다

(ii) 곱셈의 교환법칙이 성립한다 $ab = ba$

(iii) 덧셈의 항등원 0을 제외한 원소는 모두 곱셈의 역원을 갖는다.

예시 (1)

$\mathbb{Z}_4$는 정수에서 $4 \equiv 0$, 즉 4를 0으로 만들어서 얻어지는 수 체계이다. 그래서 $\mathbb{Z}_4$는 4개의 원소 $\{0, 1, 2, 3\}$을 갖는 수 체계이다.

아래 연산표를 참고하여 $\mathbb{Z}_4$는 좋은 수(Ring)임을 확인해 보자.

$(\mathbb{Z}_4, +)$ 덧셈군

+	0	1	2	3
0	0	1	2	3
1	1	2	3	0
2	2	3	0	1
3	3	0	1	2

$(\mathbb{Z}_4, \times)$ 곱셈군

×	0	1	2	3
0	0	0	0	0
1	0	1	2	3
2	0	2	0	2
3	0	3	2	1

예시 (2)

$\mathbb{Z}_5$는 정수에서 $5 \equiv 0$, 즉 5를 0으로 만들어서 얻어지는 수 체계이다. 그래서 $\mathbb{Z}_5$는 5개의 원소 $\{0, 1, 2, 3, 4\}$를 갖는 수 체계이다.

아래 연산표를 참고하여 $\mathbb{Z}_5$는 아주 좋은 수(Field)임을 확인해 보자.

$(\mathbb{Z}_5, +)$ 덧셈군

+	0	1	2	3	4
0	0	1	2	3	4
1	1	2	3	4	0
2	2	3	4	0	1
3	3	4	0	1	2
4	4	0	1	2	3

$(\mathbb{Z}_5, \times)$ 곱셈군

×	0	1	2	3	4
0	0	0	0	0	0
1	0	1	2	3	4
2	0	2	4	1	3
3	0	3	1	4	2
4	0	4	3	2	1

우리가 생각하는 수 체계가 체(field)인 경우에, 차수가 n차인 다항식은 그 수 체계 안에서 n개 이하의 소수인 인수(factor)를 갖는다. 그리고 그 인수는 유일하게 결정된다.

예를 들어, 실수체 $\mathbb{R}$ 안에서 4차 다항식 $f(x)=x^4-4$는 다음과 같이 인수분해가 된다.

$$x^4-4=(x^2+2)(x+\sqrt{2})(x-\sqrt{2})$$

그리고 방정식 $x^4-4=0$은 실수 안에서 두 개의 해 $-\sqrt{2}$, $\sqrt{2}$를 갖는다.

복소수체 $\mathbb{C}$ 안에서는 n차 다항식이 항상 n개의 1차 인수의 곱으로 표현된다. 그리고 (중군을 복수로 계산하면) 항상 n개의 해를 갖는다. 복소수체 $\mathbb{C}$ 안에서 다음과 같이 인수분해 된다.

$$x^4-4=(x+\sqrt{2}\,i)(x-\sqrt{2}\,i)(x+\sqrt{2})(x-\sqrt{2})$$

그리고 4개의 해 $-\sqrt{2}\,i$, $\sqrt{2}i$, $-\sqrt{2}$, $\sqrt{2}$를 갖는다.

그런데 수 체계가 체(field)가 아닌 경우에는 n차 다항식이 n개보다 많은 인수를 갖고, 해의 개수가 n보다 클 수 있다.

예를 들어, $\mathbb{Z}_8=\{0,1,2,3,4,5,6,7\}$이 우리가 생각하는 수 체계라고 하자. 이 경우에 x^2-1은 $(x+1)(x+7)$로 인수분해 할 수도 있고 $(x+3)(x+5)$로 인수분해 할 수도 있다.

즉, 4개의 수 $\{7,1,5,3\}$이 2차 방정식 $x^2-1=0$의 해가 된다. 따라서 $\mathbb{Z}_8$에서는 1의 제곱근이 4개임을 알 수 있다.

또 다른 예로 $\mathbb{Z}_8$에서 다항식 $4x^2+4x$는 다음과 같이 여러 방법으로 인수분해가 된다.

$$\begin{aligned} 4x^2+4x &= 4x(x+1) \\ &= 4x(x+3) \\ &= 4x(x+5) \\ &= 4x(x+7) \\ &= 4(x+1)(x+2) \\ &= 4(x+1)(x+4) \\ &= 4(x+1)(x+6) \\ &= 4(x+2)(x+3) \\ &= 4(x+2)(x+5) \\ &= 4(x+2)(x+7) \end{aligned}$$

그리고 $\mathbb{Z}_8$의 모든 수 $\{0,1,2,3,4,5,6,7\}$이 방정식 $4x^2+4x=0$의 해가 된다.

군(Group)은 한 개의 연산($*$)을 갖는 대수적 집합이다.

한 개의 연산은 덧셈일 수도 있고, 곱셈일 수도 있고, 함수의 합성일 수도 있다.

군(Group)이 되려면 다음 성질을 가져야 한다.

(i) 연산의 항등원이 있다.

(ii) $(a * b) * c = a * (b * c)$: 결합법칙이 성립한다.

(iii) 모든 원소는 역원을 갖는다.

덧셈군의 예

$\mathbb{Z}$ 정수

$\mathbb{Q}$ 유리수

$\mathbb{R}$ 실수

$\mathbb{C}$ 복소수

$Z_n = \{0, 1, \cdots, n-1\}$

※ 모든 좋은 수 환(Ring)은 곱셈 연산을 무시하면 덧셈군이 된다.

곱셈군의 예

$\mathbb{Q}^* = \mathbb{Q} \setminus \{0\}$ (즉, 유리수 집합 $\mathbb{Q}$ 에서 0을 제외한 것)

$\mathbb{R}^* = \mathbb{R} \setminus \{0\}$

$\mathbb{C}^* = \mathbb{C} \setminus \{0\}$

$\mathbb{Z}_p \setminus \{0\}$ (p는 소수)

$\mathbb{Z}_n^* = \{k \in \mathbb{Z}_n \mid (k, n) = 1\}$

※ 모든 아주 좋은 수(체, Field)에서 0을 제외한 집합은 곱셈군을 이룬다.

1의 n 제곱근 $S=\{1,\zeta_n,\zeta_n^2,\cdots,\zeta_n^{n-1}\}$은 곱셈군이다. 특히 S는 순환군 (Cyclic group)이고, S의 생성원이 이루는 집합이 P이다. P는 곱셈군이 아니라는 사실에 주의해야 한다. 또한 2의 n제곱근, $1+i$의 n제곱근 등은 곱셈군이 아니다, 그 이유를 생각해보자. 다항식 x^n-1은 원분다항식의 곱으로 쓸 수 있다.

즉, $x^n-1=\prod_{d|n}\Phi_d(x)$이다. 그 이유는 1의 n제곱근의 집합 S가 곱셈군이고, S의 원소는 그 위수가 모두 n의 약수이기 때문이다. 그리고 $\Phi_d(x)$의 해는 위수가 d인 S의 원소이다.

실제로 계산해서 확인해보자.

$n=1$일 때, $x-1$은 $\Phi_1(x)=x-1$과 같다. $S=\{1\}$이고, 원소가 1개인 곱셈군이다.

$n=2$일 때, $x^2-1=\Phi_1(x)\cdot\Phi_2(x)$이다.

$$\Phi_1(x)=x-1$$
$$\Phi_2(x)=x-(-1)=x+1$$

$S=\{1,-1\}$이고, 1은 위수가 1, -1은 위수가 2이다.

$n=3$일 때, $x^3-1=\Phi_1(x)\cdot\Phi_3(x)$이다.

$$\Phi_1(x)=x-1$$
$$\Phi_3(x)=x^2+x+1=(x-w)(x-w^2)$$

$S=\{1,w,w^2\}$이고, 1은 위수가 1, w,w^2은 위수가 3이다.

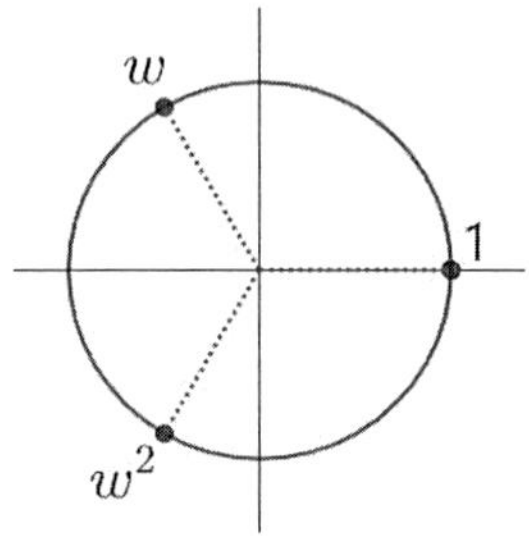

$n=4$일 때, $x^4-1=\Phi_1(x)\cdot\Phi_2(x)\cdot\Phi_4(x)$이다.

$$\Phi_1(x)=x-1$$
$$\Phi_2(x)=x+1$$
$$\Phi_4(x)=x^2+1$$

$S=\{1,-1,i,-i\}$이고, 1은 위수가 1, -1은 위수가 2, $i,-i$는 위수가 4이다.

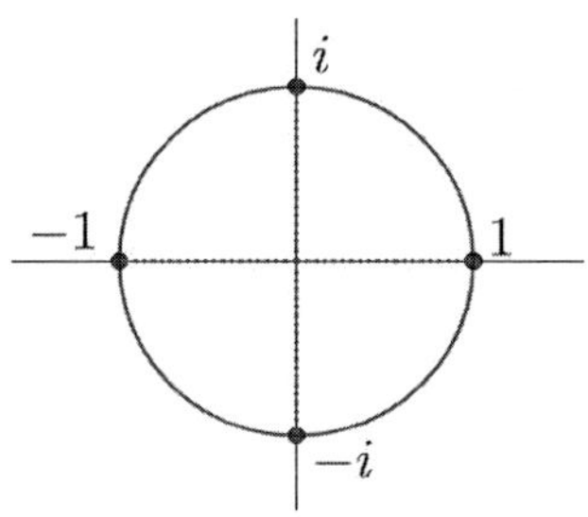

벡터공간(Vector Space) V는 다음과 같은 성질을 갖는 대수적 집합이다.

(i) V는 덧셈연산으로 군(Group)을 이룬다.

(ii) $F\times V \rightarrow V$ 로 정의되는 스칼라 곱이 있다.

여기서 F는 체(Field, 아주 좋은 수)이다.

$a, b, 1 \in F$ 와 $v, w \in V$에 대하여

① $(a+b)v = av + bv$

② $a(v+w) = av + aw$

③ $a(bv) = (ab)v$

④ $1v = v$

이 성립한다. (※ 스칼라곱은 V의 곱셈이 아니다.)

V의 곱셈이 있다면 $V \times V \rightarrow V$ 인 함수가 되어야 한다.

연습문제 (1)

F가 체인 경우, $F[x]$의 n차 다항식은 F안에서 n개 이하의 해를 갖는 것을 증명하시오.

연습문제 (2)

복소수체 $\mathbb{C}$에서 1의 n제곱근은 정확히 n개가 있음을 증명하시오.

연습문제 (3)

F가 체인 경우, 1의 n제곱근이 n개 미만인 경우를 찾으시오.

연습문제 (4)

R이 정역이 아닌 경우, 1의 n제곱근이 n개 보다 많은 경우를 찾으시오.

정리 나눗셈 알고리즘

F가 체일 때, $f(x) \in F[x]$를 $h(x) \in F[x]$로 나누면

$f(x) = h(x)q(x) + r(x)$로 유일하게 표현된다.(단, $h(x) \neq 0$)

이때, $q(x), r(x) \in F[x]$ 이고

$r(x) = 0$ 또는 $\deg r(x) < \deg h(x)$ 이다.

(deg는 다항식의 차수(degree)이다.)

증명 유일성의 증명

다항식 $f(x)$를 $h(x)$로 나누었을 때, 몫 $q(x)$와 나머지 $r(x)$의 유일성을 아래와 같이 증명할 수 있다.

$$\begin{cases} f(x) = h(x)q_1(x) + r_1(x) \\ f(x) = h(x)q_2(x) + r_2(x) \end{cases}$$ 라고 하자.

여기서 $r_i(x) = 0$이거나 $\deg\ r_i(x) < \deg\ h(x)$의 조건을 만족시킨다.

위의 두 식을 항별로 빼면

$f(x) - f(x) = h(x)\{q_1(x) - q_2(x)\} + \{r_1(x) - r_2(x)\}$이므로

$-h(x)\{q_1(x) - q_2(x)\} = r_1(x) - r_2(x)$ 이 된다.

그러면 우변 $r_1(x) - r_2(x)$는 $h(x)$의 배수인데,

$h(x)$의 차수가 $r_1(x) - r_2(x)$의 차수보다 크다.

따라서 $r_1(x) - r_2(x) = 0$이다. (즉, $r_1(x) = r_2(x)$ 가 된다.)
한편, $-h(x)\{q_1(x) - q_2(x)\} = 0$에서 $h(x) \neq 0$ 이므로
$q_1(x) - q_2(x) = 0$ 이 되어야 한다.
그러므로 $q_1(x) = q_2(x)$임을 알 수 있다.

예시 (1)

$F = \mathbb{Q}$ 일 때, $f(x) = 2x^2 + 3$을 $h(x) = 3x + 1$로 나누시오.

$$
\begin{array}{r|l}
 & \frac{2}{3}x - \frac{2}{9} \\
\hline
3x+1 & 2x^2 \qquad + 3 \\
 & 2x^2 + \frac{2}{3}x \\
\hline
 & -\frac{2}{3}x + 3 \\
- & -\frac{2}{3}x - \frac{2}{9} \\
\hline
 & \frac{29}{9}
\end{array}
$$

$$\therefore\ 2x^2 + 3 = (3x+1)\left(\frac{2}{3}x - \frac{2}{9}\right) + \frac{29}{9}$$

예시 (2)

$F=\mathbb{Z}_5$일 때, $f(x)=2x^2+3$을 $h(x)=3x+1$로 나누시오.

$$
\begin{array}{r}
4x \quad +2 \\
3x+1 \overline{\big) 2x^2 \qquad\quad +3} \\
2x^2+4x \qquad \\
\hline
x+3 \\
-\big)\ x+2 \\
\hline
1
\end{array}
$$

$$\therefore\ 2x^2+3=(3x+1)(4x+2)+1$$

예시 (3)

$F=\mathbb{Z}_7$일 때, $f(x)=2x^2+3$을 $h(x)=3x+1$로 나누시오.

$$
\begin{array}{r}
3x \quad +6 \\
3x+1 \overline{\big) 2x^2 \qquad\quad +3} \\
2x^2+3x \qquad \\
\hline
4x+3 \\
-\big)\ 4x+6 \\
\hline
4
\end{array}
$$

$$\therefore\ 2x^2+3=(3x+1)(3x+6)+4$$

예시 (4)

$R = \mathbb{Z}_8$일 때, $f(x) = 2x^2 + 3$을 $h(x) = 3x + 1$로 나누시오.

힌트 R은 체가 아니고, 환이다. 그러나 3이 역수를 가지므로 나눗셈이 가능하다. $18x^2 \equiv 2x^2$, $18x \equiv 2x$ 가 된다.)

$$
\begin{array}{r|l}
 & 6x \quad + 6 \\
3x+1 & 2x^2 \qquad\quad + 3 \\
 & 2x^2 + 6x \\
\hline
 & \qquad\quad 2x + 3 \\
 & \qquad\quad 2x + 6 \\
\hline
 & \qquad\qquad\quad 5
\end{array}
$$

$$\therefore\ 2x^2 + 3 = (3x+1)(6x+6) + 5$$

정리

F가 체일 때, n차 방정식 $f(x) = 0$ 은 기껏해야 n개의 해를 갖는다. (단, $f(x) \in F[x]$ 이다.)

증명 수학적 귀납법을 이용하여 증명한다.

$f(x)$가 1차식 일 때,

$f(x) = ax + b$, $(a \neq 0)$으로 표현할 수 있다.

$ax + b = 0$

$ax = -b$

$a^{-1}(ax) = a^{-1}(-b)$

$x = -a^{-1}b$

즉, $f(x)$는 1개의 해를 갖는다.

$f(x)$가 $(n-1)$차식 일 때, 방정식 $f(x)=0$은 $n-1$개 이하의 해를 갖는다고 가정하자.

$f(x)$가 r차식 일 때, 방정식 $f(x)=0$의 해가 없으면,

$0<n$ 이므로 성립한다.

만약 방정식 $f(x)=0$의 해$(x=a)$가 있으면,

$x-a$로 $f(x)$를 나눈다.

$f(x)=(x-a)q(x)+r(x)$에서

$x-a$가 1차식이므로 $r(x)$는 상수이다.

또한 $f(a)=0$이므로 $r(x)=0$이 되어야 한다.

즉, 인수정리에 의하여 $f(x)=(x-a)q(x)$ 이다.

다항식 $q(x)\in F[x]$의 차수는 $(n-1)$이므로 수학적 귀납법 가정에 의하여 방정식 $q(x)=0$ 의 해는 기껏해야 $(n-1)$개 이하이다.

방정식 $f(x)=0$의 해는 $x-a=0$ 의 해이거나 $q(x)=0$ 의 해이므로 기껏해야 n개 이하이다.

연습문제 (5)

계수가 체가 아니면, 나눗셈 알고리즘이 불가능한 경우가 있다.

① 계수가 $\mathbb{Z}$ (정수환)일 때, 즉 $f(x)\in\mathbb{Z}[x]$, $h(x)\in\mathbb{Z}[x]$일 때, $f(x)=2x^2+3$을 $h(x)=3x+1$로 나눌 수 있는지 확인하시오.

② 계수가 $\mathbb{Z}_8$(환)일 때, 즉 $f(x) \in \mathbb{Z}_8[x]$, $h(x) \in \mathbb{Z}_8[x]$일 때,

$f(x) = 2x^2 + 3$을 $h(x) = 4x + 2$로 나눌 수 있는지 확인하시오.

③ $f(x) = 2x^2 + 3 \in \mathbb{Z}[x]$이고, $h(x) = x + 2 \in \mathbb{Z}[x]$일 때,

나눗셈을 계산해 보시오.

④ $f(x) = 5x^2 + x + 2 \in \mathbb{Z}_8[x]$이고, $h(x) = 3x + 1 \in \mathbb{Z}_8[x]$일 때,

나눗셈을 계산해 보시오.

부록 2.

$\mathbb{C}[x]$와 $\mathbb{R}[x]$의 기약다항식

대수학의 기본정리는 다음을 증명한다.

복소수체 안에서 1차 이상의 차수를 갖는 다항식은 모두 해를 갖는다. 이 사실은 $\mathbb{C}[x]$에서 기약다항식은 1차 다항식뿐임을 알려준다. 그런데 대수적인 증명 방법은 아직 알려져 있지 않다. 실수체 안에서 기약다항식은 1차 다항식이거나 2차 다항식이다. 특히, 2차 다항식일 때는 $ax^2+bx+c=0$에서 판별식 $D=b^2-4ac$가 음수인 경우에 기약다항식이다. 이의 증명은 아래와 같다.

$f(x)$가 2차 이상의 다항식이라고 하자.

$f(x)=a_nx^n+a_{n-1}x^{n-1}+\cdots+a_1x+a_0$ (단, a_i는 실수)인 경우,

대수학의 기본정리에 의하여

$f(z)=a_nz^n+a_{n-1}z^{n-1}+\cdots+a_1z+a_0=0$ 인 복소수 z가 존재한다.

z가 실수가 아닌 경우, 각각의 항에 켤레(conjugate)를 생각해보자.

$$\overline{f(z)} = \overline{a_n z^n + a_{n-1} z^{n-1} + \cdots a_1 z + a_0} = \overline{0}$$

이를 풀어쓰면 $a_n(\overline{z})^n + a_{n-1}(\overline{z})^{n-1} + \cdots a_1 \overline{z} + a_0 = 0$이 된다.

즉 $f(\overline{z}) = 0$이 되므로 $\overline{z}$ 도 $f(x) = 0$의 해가 되는 것을 알 수 있다.

$\mathbb{C}[x]$에서 인수정리에 의하여 $f(x) = (x-z)(x-\overline{z}) \cdot g(x)$로 표시할 수 있다.

그런데 $(x-z)(x-\overline{z}) = x^2 - (z+\overline{z})z + z\overline{z} = h(x)$는 $z+\overline{z}$와 $z\overline{z}$가 실수이므로 실수계수 다항식이다. $f(x)$와 $h(x)$가 실수계수 다항식이므로 $g(x)$도 실수계수 다항식이 된다.

따라서 $\mathbb{R}[x]$에서 3차 이상의 다항식은 기약다항식이 아니다.

유리수체 안에서 기약다항식을 판별하는 "일반적"인 방법은 알려져 있지 않다. 다만 특수한 경우에 $\mathbb{Q}[x]$의 기약다항식을 판별하는 기준이 증명되어 있다.

부록 3.
원분다항식 계산 결과

$\Phi_1(x) = x - 1$

$\Phi_2(x) = x + 1$

$\Phi_3(x) = x^2 + x + 1$

$\Phi_4(x) = x^2 + 1$

$\Phi_5(x) = x^4 + x^3 + x^2 + x + 1$

$\Phi_6(x) = x^2 - x + 1$

$\Phi_7(x) = x^6 + x^5 + x^4 + x^3 + x^2 + x + 1$

$\Phi_8(x) = x^4 + 1$

$\Phi_9(x) = x^6 + x^3 + 1$

$\Phi_{10}(x) = x^4 - x^3 + x^2 - x + 1$

$\Phi_{11}(x) = x^{10} + x^9 + x^8 + x^7 + x^6 + x^5 + x^4 + x^3 + x^2 + x + 1$

$\Phi_{12}(x) = x^4 - x^2 + 1$

$$\Phi_{13}(x) = x^{12} + x^{11} + x^{10} + x^9 + x^8 + x^7 + x^6 + x^5 + x^4 + x^3 + x^2 + x + 1$$

$$
\begin{aligned}
\varPhi_{14}(x) &= x^6 - x^5 + x^4 - x^3 + x^2 - x + 1 \\
\varPhi_{15}(x) &= x^8 - x^7 + x^5 - x^4 + x^3 - x + 1 \\
\varPhi_{16}(x) &= x^8 + 1 \\
\varPhi_{17}(x) &= x^{16} + x^{15} + x^{14} + x^{13} + x^{12} + x^{11} + x^{10} + x^9 + x^8 \\
&\quad + x^7 + x^6 + x^5 + x^4 + x^3 + x^2 + x + 1 \\
\varPhi_{18}(x) &= x^6 - x^3 + 1 \\
\varPhi_{19}(x) &= x^{18} + x^{17} + x^{16} + x^{15} + x^{14} + x^{13} + x^{12} + x^{11} + x^{10} \\
&\quad + x^9 + x^8 + x^7 + x^6 + x^5 + x^4 + x^3 + x^2 + x + 1 \\
\varPhi_{20}(x) &= x^8 - x^6 + x^4 - x^2 + 1 \\
\varPhi_{21}(x) &= x^{12} - x^{11} + x^9 - x^8 + x^6 - x^4 + x^3 - x + 1 \\
\varPhi_{22}(x) &= x^{10} - x^9 + x^8 - x^7 + x^6 - x^5 + x^4 - x^3 + x^2 - x + 1 \\
\varPhi_{23}(x) &= x^{22} + x^{21} + x^{20} + x^{19} + x^{18} + x^{17} + x^{16} + x^{15} + x^{14} \\
&\quad + x^{13} + x^{12} + x^{11} + x^{10} + x^9 + x^8 + x^7 \\
&\quad + x^6 + x^5 + x^4 + x^3 + x^2 + x + 1 \\
\varPhi_{24}(x) &= x^8 - x^4 + 1 \\
\varPhi_{25}(x) &= x^{16} + x^{12} + x^8 + x^4 + 1 \\
\varPhi_{26}(x) &= x^{12} - x^{11} + x^{10} - x^9 + x^8 - x^7 + x^6 - x^5 + x^4 \\
&\quad - x^3 + x^2 - x + 1 \\
\varPhi_{27}(x) &= x^{18} + x^9 + 1 \\
\varPhi_{28}(x) &= x^{12} - x^{10} + x^8 - x^6 + x^4 - x^2 + 1 \\
\varPhi_{29}(x) &= x^{28} + x^{27} + x^{26} + x^{25} + x^{24} + x^{23} + x^{22} + x^{21} + x^{20} \\
&\quad + x^{19} + x^{18} + x^{17} + x^{16} + x^{15} + x^{14} + x^{13} + x^{12} + x^{11} \\
&\quad + x^{10} + x^9 + x^8 + x^7 + x^6 + x^5 + x^4 + x^3 + x^2 + x + 1 \\
\varPhi_{30}(x) &= x^8 + x^7 - x^5 - x^4 - x^3 + x + 1
\end{aligned}
$$

부록 4.

준원분다항식 계산 결과

$$J_3(x) = x+1$$
$$J_4(x) = x$$
$$J_5(x) = x^2+x-1$$
$$J_6(x) = x-1$$
$$J_7(x) = x^3+x^2-2x-1$$
$$J_8(x) = x^2-2$$
$$J_9(x) = x^3-3x+1$$
$$J_{10}(x) = x^2-x-1$$
$$J_{11}(x) = x^5+x^4-4x^3-3x^2+3x+1$$
$$J_{12}(x) = x^2-3$$
$$J_{13}(x) = x^6+x^5-5x^4-2x^3+6x^2+3x-1$$
$$J_{14}(x) = x^3-x^2-2x+1$$
$$J_{15}(x) = x^4-x^3-4x^2+4x+1$$
$$J_{16}(x) = x^4-4x^2+2$$
$$J_{17}(x) = x^8+x^7-7x^6-6x^5+15x^4+10x^3-10x^2-4x+1$$

$$J_{18}(x) = x^3 - 3x - 1$$

$$J_{19}(x) = x^9 + x^8 - 8x^7 - 7x^6 + 21x^5 + 15x^4 - 20x^3 - 10x^2 + 5x + 1$$

$$J_{20}(x) = x^4 - 5x^2 + 5$$

$$J_{21}(x) = x^6 - x^5 - 6x^4 + 7x^3 + 8x^2 - 8x + 1$$

$$J_{22}(x) = x^5 - x^4 - 4x^3 + 3x^2 + 3x - 1$$

$$J_{23}(x) = x^{11} + x^{10} - 10x^9 - 8x^8 + 36x^7 + 28x^6 - 56x^5 - 35x^4 + 35x^3 + 15x^2 - 6x + 1$$

$$J_{24}(x) = x^4 - 4x^2 + 1$$

$$J_{25}(x) = x^{10} - 10x^9 + 35x^8 + x^5 - 50x^4 - 5x^3 + 25x^2 + 5x - 1$$

$$J_{26}(x) = x^6 - x^5 - 5x^4 + 4x^3 + 6x^2 - 3x + 1$$

$$J_{27}(x) = x^9 - 9x^8 + 27x^5 - 3x^3 + 9x + 1$$

$$J_{28}(x) = x^6 - 7x^4 + 14x^2 - 7$$

$$J_{29}(x) = x^{14} + x^{13} - 13x^{12} - 12x^{11} + 66x^{10} + 55x^9 - 165x^8 - 120x^7 + 210x^6 + 126x^5 - 126x^4 - 56x^3 + 28x^2 + 7x - 1$$

$$J_{30}(x) = x^4 + x^3 - 4x^2 - 4x + 1$$

부록 5.
변형된 준원분다항식 계산 결과

$$J_8^*(x) = x^2 + 2$$
$$J_{12}^*(x) = x^2 + 1$$
$$J_{16}^*(x) = x^4 + 4x^2 + 2$$
$$J_{20}^*(x) = x^4 + 3x^2 + 1$$
$$J_{24}^*(x) = x^4 + 4x^2 + 1$$
$$J_{28}^*(x) = x^6 + 5x^4 + 6x^2 + 1$$
$$J_{32}^*(x) = x^8 + 8x^6 + 20x^4 + 16x^2 + 2$$

부록 6.
일반화된 원분다항식 표

n	곱셈군 Z_n^*의 원소	부분군 H의 원소	일반화된 원분다항식 $J_{n,H}(x)$
1	1	1	$x-1$
2	1	1	$x+1$
3	1,2	1	x^2+x+1
		1,2	$x+1$
4	1,3	1	x^2+1
		1,3	x
5	1,2,3,4	1	$x^4+x^3+x^2+x+1$
		1,4	x^2+x-1
		1,2,3,4	$x+1$
6	1,5	1	x^2-x+1
		1,5	$x-1$
7	1,2,3,4,5,6	1	$x^6+x^5+x^4+x^3+x^2+x+1$
		1,6	x^3+x^2-2x-1
		1,2,4	x^2+x+2
		1,2,3,4,5,6	$x+1$

8	1,3,5,7	1	x^4+1
		1,7	x^2-2
		1,3	x^2+2
		1,5	x^2
		1,3,5,7	x
9	1,2,4,5,7,8	1	x^6+x^3+1
		1,8	x^3-3x+1
		1,4,7	x^2
		1,2,4,5,7,8	x
10	1,3,7,9	1	$x^4-x^3+x^2-x+1$
		1,9	x^2-x-1
		1,3,7,9	$x-1$
11	1,2,3,4,5,6,7,8,9,10	1	$x^{10}+x^9+x^8+x^7+x^6$ $+x^5+x^4+x^3+x^2+x+1$
		1,10	$x^5+x^4-4x^3-3x^2+3x+1$
		1,3,4,5,9	x^2+x+3
		1,2,3,4,5,6,7,8,9,10	$x+1$
12	1,5,7,11	1	x^4-x^2+1
		1,11	x^2-3
		1,5	x^2+1
		1,7	x^2
		1,5,7,11	x
13	1,2,3,4,5,6,7,8,9,10,11,12	1	$x^{12}+x^{11}+x^{10}+x^9+x^8+x^7$
		1,12	$x^6+x^5-5x^4-2x^3+6x^2+3x-1$

		1,3,9	$x^4+x^3+2x^2-4x+3$
		1,5,8,12	x^3+x^2-4x+1
		1,3,4,9, 10,12	x^2+x-3
		1,2,3,4,5,6, 7,8,9,10,11, 12	$x-1$
14	1,3,5,9,11,13	1	$x^6-x^5+x^4-x^3+x^2-x+1$
		1,13	x^3-x^2-2x+1
		1,9,11	x^2-x+2
		1,3,5,9,11,13	$x-1$
15	1,2,4,7,8,11,13, 14	1	$x^8-x^7+x^5-x^4+x^3-x+1$
		1,14	$x^4-x^3-4x^2+4x+1$
		1,4	$x^4-x^3+2x^2+x+1$
		1,11	$x^4-x^3+x^2-x+1$
		1,2,4,8	x^2-x+4
		1,4,11,14	x^2-x-1
		1,4,7,13	x^2-x+1
		1,2,4,7,8,11, 13,14	$x-1$
16	1,3,5,7,9,11,13, 15	1	x^8+1
		1,15	x^4-4x^2+2
		1,7	x^4+4x^2+2
		1,9	x^4
		1,5,9,13	x^2
		1,3,9,11	x^2

		1,7,9,15	x^2
		1,3,5,7,9,11,13,15	x
17	1,2,3,4,5,6,7,8,9,10,11,12,13,14,15,16	1	$x^{16}+x^{15}+x^{14}+x^{13}+x^{12}+x^{11}+x^{10}+x^9+x^8+x^7+x^6+x^5+x^4+x^3+x^2+x+1$
		1,16	$x^8+x^7-7x^6-6x^5+15x^4+10x^3-10x^2-4x+1$
		1,4,13,16	$x^4+x^3-6x^2+x+1$
		1,2,4,8,9,13,15,16	x^2+x-4
		1,2,3,4,5,6,7,8,9,10,11,12,13,14,15,16	$x+1$
18	1,5,7,11,13,17	1	x^6-x^3+1
		1,17	x^3-3x-1
		1,7,13	x^2
		1,5,7,11,13,17	x
19	1,2,3,4,5,6,7,8,9,10,11,12,13,14,15,16,17,18	1	$x^{18}+x^{17}+x^{16}+x^{15}+x^{14}+x^{13}+x^{12}+x^{11}+x^{10}+x^9+x^8+x^7+x^6+x^5+x^4+x^3+x^2+x+1$
		1,18	$x^9+x^8-8x^7-7x^6+21x^5+15x^4-20x^3-10x^2+5x+1$
		1,7,11	$x^6+x^5+2x^4-8x^3-x^2+5x+7$
		1,7,8,11,12,18	x^3+x^2-6x-7

		1,4,5,6,7,9,11,16,17	x^2+x+5
		1,2,3,4,5,6,7,8,9,10,11,12,13,14,15,16,17,18	$x+1$
20	1,3,7,9,11,13,17,19	1	$x^8-x^6+x^4-x^2+1$
		1,19	x^4-5x^2+5
		1,9	x^4+3x^2+1
		1,11	x^4
		1,3,7,9	x^2+5
		1,9,13,17	x^2+1
		1,9,11,19	x^2
		1,3,7,9,11,13,17,19	x
21	1,2,4,5,8,10,11,13,16,17,19,20	1	$x^{12}-x^{11}+x^9-x^8+x^6-x^4+x^3-x+1$
		1,20	$x^6-x^5-6x^4+7x^3+8x^2-8x+1$
		1,8	$x^6-x^5+x^4-x^3+x^2-x+1$
		1,13	$x^6-x^5+3x^4+5x^2-2x+1$
		1,4,16	$x^4-4x^3-x^2+2x+4$
		1,8,13,20	x^3-x^2-2x+1
		1,2,4,8,11,16	x^2-x+2
		1,4,5,16,17,20	x^2-x-5
		1,4,10,14,16,19	x^2-x-1

<table>
<tr><td></td><td></td><td>1,2,4,5,8,10,
11,13,16,17,
19,20</td><td>$x-1$</td></tr>
<tr><td rowspan="4">22</td><td rowspan="4">1,3,5,7,9,13,15,
17,19,21</td><td>1</td><td>$x^{10}-x^9+x^8-x^7+x^6-x^5$
$+x^4-x^3+x^2-x+1$</td></tr>
<tr><td>1,21</td><td>$x^5-x^4-4x^3+3x^2+3x-1$</td></tr>
<tr><td>1,3,4,5,9</td><td>x^2-x+2</td></tr>
<tr><td>1,3,5,7,9,13,
15,17,19,21</td><td>$x-1$</td></tr>
<tr><td rowspan="4">23</td><td rowspan="4">1,2,3,4,5,6,7,8,
9,10,11,12,13,
14,15,16,17,18,
19,20,21,22</td><td>1</td><td>$x^{22}+x^{21}+x^{20}+x^{19}+x^{18}$
$+x^{17}+x^{16}+x^{15}+x^{14}+x^{13}$
$+x^{12}+x^{11}+x^{10}+x^9+x^8+x^7$
$+x^6+x^5+x^4+x^3+x^2+x+1$</td></tr>
<tr><td>1,22</td><td>$x^{11}+x^{10}-10x^9-8x^8+36x^7$
$+28x^6-56x^5-35x^4+35x^3$
$+15x^2-6x+1$</td></tr>
<tr><td>1,2,3,4,6,8,9,
12,13,16,18</td><td>x^2+x+6</td></tr>
<tr><td>1,2,3,4,5,6,
7,8,9,10,11,
12,13,14,15,
16,17,18,19,
20,21,22</td><td>$x+1$</td></tr>
<tr><td rowspan="3">24</td><td rowspan="3">1,5,7,11,13,17,19,
23</td><td>1</td><td>x^8-x^4+1</td></tr>
<tr><td>1,23</td><td>x^4-4x^2+1</td></tr>
<tr><td>1,11</td><td>x^4+4x^2+1</td></tr>
</table>

		1, 13	x^4
		1, 5	x^4+9
		1, 17	x^4+1
		1, 7	x^4+2x^2+4
		1, 19	x^4-2x^2+4
		1, 7, 13, 19	x^2
		1, 5, 13, 17	x^2
		1, 11, 13, 23	x^2
		1, 5, 7, 11	x^2+6
		1, 5, 19, 23	x^2-6
		1, 7, 17, 23	x^2-2
		1, 11, 17, 19	x^2+2
		1,5,7,11,13,17, 19, 23	x
25	1, 2, 3, 4, 6, 7, 8, 9, 11, 12, 13, 14, 16, 17, 18, 19, 21, 22, 23, 24	1	$x^{16}+x^{12}+x^8+x^4+1$
		1, 24	$x^{10}-10x^9+35x^8+x^5-50x^4-5x^3+25x^2+5x-1$
		1, 7, 18, 24	$x^5-10x^3+5x^2+10x+1$
		1, 6, 11, 16, 21	x^4
		1, 4, 6, 9, 11, 14, 16, 19, 21, 24	x^2

		1,2,3,4,6,7,8,9,11,12,13,14,16,17,18,19,21,22,23,24	x
26	1,3,5,7,9,11,15,17,19,21,23,25	1	$x^{12}-x^{11}+x^{10}-x^9+x^8-x^7+x^6-x^5+x^4-x^3+x^2-x+1$
		1,25	$x^6-x^5-5x^4+4x^3+6x^2-3x+1$
		1,3,9	$x^4-x^3+2x^2+4x+3$
		1,5,25,21	x^3-x^2-4x-1
		1,3,9,17,23,25	x^2-x-3
		1,3,5,7,9,11,15,17,19,21,23,25	$x-1$
27	1,2,4,5,7,8,10,11,13,14,16,17,19,20,22,23,25,26	1	$x^{18}+x^9+1$
		1,26	$x^9-9x^8+27x^5-3x^3+9x+1$
		1,10,19	x^6
		1,8,10,26,19,17	x^3
		1,4,7,10,13,16,19,22,25	x^2
		1,2,4,5,7,8,10,11,13,14,16,17,19,20,22,23,25,26	x
28	1,3,5,9,11,13,15,17,	1	$x^{12}-x^{10}+x^8-x^6+x^4-x^2+1$

		1,27	$x^6 - 7x^4 + 14x^2 - 7$
		1,13	$x^6 + 5x^4 + 6x^2 + 1$
		1,15	x^6
		1,9,25	$x^4 - 3x^2 + 4$
		1,13,15,27	x^3
		1,3,9,19,25,27	$x^2 - 7$
	19,23,25,27	1,5,9,13,17,25	$x^2 + 1$
		1,9,11,15,23,25	x^2
		1,3,5,9,11,13,15,17,19,23,25,27	x
		1	$x^{28} + x^{27} + x^{26} + x^{25} + x^{24} + x^{23} + x^{22} + x^{21} + x^{20} + x^{19} + x^{18} + x^{17} + x^{16} + x^{15} + x^{14} + x^{13} + x^{12} + x^{11} + x^{10} + x^9 + x^8 + x^7 + x^6 + x^5 + x^4 + x^3 + x^2 + x + 1$
29	1,2,3,4,5,6,7,8,9,10,11,12,13,14,15,16,17,18,19,20,21,22,23,24,25,26,27,28	1,28	$x^{14} + x^{13} - 13x^{12} - 12x^{11} + 66x^{10} + 55x^9 - 165x^8 - 120x^7 + 210x^6 + 126x^5 - 126x^4 - 56x^3 + 28x^2 + 7x - 1$
		1,12,17,28	$x^7 + x^6 - 12x^5 - 7x^4 + 28x^3 + 14x^2 - 9x - 1$
		1,7,16,20,23,24,25	$x^4 + x^3 + 4x^2 + 20x + 23$

		1,4,5,6,7,9, 13,16,20,22, 23,24,25,28	x^2+x-7
		1,2,3,4,5,6, 7,8,9,10,11, 12,13,14,15, 16,17,18,19, 20,21,22,23, 24,25,26,27, 28	$x+1$
30	1,7,11,13,17,19, 23,29	1	$x^8+x^7-x^5-x^4-x^3+x+1$
		1,29	$x^4+x^3-4x^2-4x+1$
		1,19	$x^4+x^3+8x^2-x+7$
		1,11	$x^4+x^3+5x^2+5x+2$
		1,17,19,23	x^2+6x+6
		1,11,19,29	x^2+x+3
		1,7,13,19	x^2+x+7
		1,7,11,13,17, 19,23,29	$x+1$

연습문제 풀이

1.1 연습문제 (1)

$$z_1 + z_2 = (1+i)(1-i) = 2$$

$$z_1 z_2 = \sqrt{2}\, e^{\frac{\pi}{4}i} \sqrt{2}\, e^{-\frac{\pi}{4}i} = \sqrt{2} \cdot \sqrt{2} = 2$$

$$z_1 z_2 = (1+i)(1-i) = 1 - i^2 = 1 - (-1) = 2$$

1.1 연습문제 (2)

$$z_1 + z_2 = \left(\frac{1}{2} + \frac{\sqrt{3}}{2} i\right) + \left(-\frac{1}{2} + \frac{\sqrt{3}}{2} i\right) = \sqrt{3}\, i$$

$$z_1 z_2 = e^{\frac{\pi}{3}i} e^{\frac{2\pi}{3}i} = e^{\pi i = -1}$$

$$z_1 z_2 = \left(\frac{1}{2} + \frac{\sqrt{3}}{2} i\right)\left(-\frac{1}{2} + \frac{\sqrt{3}}{2} i\right) = -\frac{1}{4} + \frac{3}{4} i^2 = -\frac{1}{4} - \frac{3}{4} = -1$$

1.1 연습문제 (3)

$$z_1+z_2=(-1+i)+\left(\frac{1}{2}+\frac{\sqrt{3}}{2}i\right)=-\frac{1}{2}+\left(1+\frac{\sqrt{3}}{2}\right)i$$

$$z_1z_2=\sqrt{2}\,e^{\frac{3\pi}{4}i}e^{\frac{\pi}{3}i}=\sqrt{2}\,e^{\frac{13}{12}\pi i}$$

$$z_1z_2=(-1+i)\left(\frac{1}{2}+\frac{\sqrt{3}}{2}i\right)=-\frac{1}{2}+\frac{1}{2}i-\frac{\sqrt{3}}{2}i+\frac{\sqrt{3}}{2}i^2$$

$$=-\frac{1}{2}-\frac{\sqrt{3}}{2}+\left(\frac{1}{2}-\frac{\sqrt{3}}{2}\right)i$$

1.1 연습문제 (4)

① $z\bar{z}=re^{i\theta}re^{i(-\theta)}=r^2$

② $z\tilde{z}=re^{i\theta}re^{i(\pi-\theta)}=r^2e^{\pi i}=-r^2$

③ $\bar{z}\tilde{z}=re^{i(-\theta)}re^{i(\pi-\theta)}=re^{i(-\theta)}\cdot re^{i\pi}\cdot e^{i(-\theta)}=-r^2e^{i(-2\theta)}$

1.1 연습문제 (5)

① $z\bar{z}=\left(\frac{1}{2}+\frac{\sqrt{3}}{2}i\right)\left(\frac{1}{2}-\frac{\sqrt{3}}{2}i\right)=\frac{1}{4}-\frac{3}{4}i^2=\frac{1}{4}+\frac{3}{4}=1$

② $z\tilde{z}=\left(\frac{1}{2}+\frac{\sqrt{3}}{2}i\right)\left(-\frac{1}{2}+\frac{\sqrt{3}}{2}i\right)=-\frac{1}{4}+\frac{3}{4}i^2=-\frac{1}{4}-\frac{3}{4}=-1$

③ $\bar{z}\tilde{z}=\left(\frac{1}{2}-\frac{\sqrt{3}}{2}i\right)\left(-\frac{1}{2}+\frac{\sqrt{3}}{2}i\right)=-\frac{1}{4}+\frac{\sqrt{3}}{4}i+\frac{\sqrt{3}}{4}i-\frac{3}{4}i^2$

$$=-\frac{1}{4}+\frac{\sqrt{3}}{2}i+\frac{3}{4}=\frac{1}{2}+\frac{\sqrt{3}}{2}i$$

1.1 연습문제 (6)

① $z\bar{z} = (3+4i)(3-4i) = 9 - 12i + 12i - 16i^2 = 9 + 16 = 25$

② $z\tilde{z} = (3+4i)(-3+4i) = -9 + 12i - 12i + 16i^2 = -9 - 16 = -25$

③ $\bar{z}\tilde{z} = (3-4i)(-3+4i) = -9 + 12i + 12i - 16i^2 = -9 + 24i + 16$

$= 7 + 24i$

1.1 연습문제 (7)

① $z\bar{z} = \left(\frac{1}{\sqrt{2}} + \frac{1}{\sqrt{2}}i\right)\left(\frac{1}{\sqrt{2}} - \frac{1}{\sqrt{2}}i\right) = \frac{1}{2} - \frac{1}{2}i + \frac{1}{2}i - \frac{1}{2}i^2$

$= \frac{1}{2} + \frac{1}{2} = 1$

② $z\tilde{z} = \left(\frac{1}{\sqrt{2}} + \frac{1}{\sqrt{2}}i\right)\left(-\frac{1}{\sqrt{2}} + \frac{1}{\sqrt{2}}i\right) = -\frac{1}{2} + \frac{1}{2}i - \frac{1}{2}i + \frac{1}{2}i^2$

$= -\frac{1}{2} - \frac{1}{2} = -1$

③ $\bar{z}\tilde{z} = \left(\frac{1}{\sqrt{2}} - \frac{1}{\sqrt{2}}i\right)\left(-\frac{1}{\sqrt{2}} + \frac{1}{\sqrt{2}}i\right) = -\frac{1}{2} + \frac{1}{2}i + \frac{1}{2}i - \frac{1}{2}i^2$

$= -\frac{1}{2} + i + \frac{1}{2} = i$

1.1 연습문제 (8)

$f(x)$가 $\mathbb{C}[x]$의 n차다항식이라고 하자. a_1이 $f(x)$의 해라고 하자. $f(x) = (x-a_1)f_1(x)$이고 $f_1(x)$는 $(n-1)$차 다항식이 된다. $n-1 \geq 1$이면, $f_1(x)$는 해를 갖는다. $f_1(x)$의 해를 a_2라고 하면,

$$f(x) = (x-a_1)(x-a_2)f_2(x)$$

이고, $f_2(x)$는 $(n-2)$차 다항식이 된다. 차례로 인수분해를 해나가면, $f(x)=(x-a_1)(x-a_2)\cdots(x-a_n)k$이 되고 $a_1,a_2,\cdots,a_n$은 $f(x)$의 해이다. $f(x)=x^n-z$은 복소수체 안에서 서로 다른 n개의 해를 갖고, 그 해는 다음과 같이 n개가 존재한다.

$$\sqrt[n]{r}\,e^{i\frac{\theta}{n}},\ \sqrt[n]{r}\,e^{i\left(\frac{\theta}{n}+\frac{2\pi}{n}\right)},\ \sqrt[n]{r}\,e^{i\left(\frac{\theta}{n}+\frac{4\pi}{n}\right)},\cdots,\ \sqrt[n]{r}\,e^{i\left(\frac{\theta}{n}+\frac{2(n-1)\pi}{n}\right)}$$

1.2 연습문제 (9)

$n=1$일 때, $x-1=x-\alpha$이다. $\alpha=1$

$n=2$일 때, $x^2-1=(x-\alpha)(x-\alpha^2)=(x+1)(x-1)$, $\alpha=-1$

$n=3$일 때, $x^3-1=(x-\alpha)(x-\alpha^2)(x-\alpha^3)$

$$=\left(x-\left(-\frac{1}{2}+\frac{\sqrt{3}}{2}i\right)\right)\left(x-\left(-\frac{1}{2}-\frac{\sqrt{3}}{2}i\right)\right)(x-1)$$

$$,\ \alpha=-\frac{1}{2}+\frac{\sqrt{3}}{2}i$$

$n=4$일 때, $x^4-1=(x-\alpha)(x-\alpha^2)(x-\alpha^3)(x-\alpha^4)$

$$=(x-i)(x-i^2)(x-i^3)(x-i^4)$$

$$=(x-i)(x+1)(x+i)(x-1),\ \alpha=i$$

2.1 연습문제 (1)

(i) 수학적 귀납법을 이용한다.

$n=1$일 때, $\Phi_1(x)=x-1$이므로 정수계수의 다항식, 즉 $\mathbb{Z}[x]$의 원소이다. m이 $n-1$ 이하일 때, $\Phi_m(x)$는 정수계수 다항식이라고 하자.

$$x^n-1=\prod_{d|n}\Phi_d(x)$$

$$= \left(\prod_{d|n, d<n} \Phi_d(x) \right) \Phi_n(x)$$

d가 n보다 작은 수일 때, $\Phi_d(x)$는 정수계수 다항식이다. 따라서 $\left(\prod_{d|n, d<n} \Phi_d(x) \right) \Phi_n(x)$는 정수계수 다항식이 된다. $\Phi_d(x)$는 모두 monic(최고차항의 계수가 1)이다. $x^n - 1$을 $\left(\prod_{d|n, d<n} \Phi_d(x) \right)$로 나누면, 를 구할 수 있다. 따라서 $\Phi_n(x)$도 정수계수 다항식이다.

(ii) 정리 4.1.2를 이용한다.

2.1 연습문제 (2)

원분다항식 $\Phi_n(x)$는 $\phi(n)$의 해를 갖고 있다. 그리고 그 해는 모두 서로 다르다. 따라서 정리 4.1.3에 의해 원분다항식 $\Phi_n(x)$는 기약다항식이다.

2.1 연습문제 (3)

1의 n제곱근 n개는 $x^n - 1 = 0$의 해이다.

$\Phi_d(x)$는 1의 원시 d제곱근 $\phi(d)$ 개를 해로 갖는다.

따라서 1의 n제곱근의 집합이 모든 n의 약수 d에 대하여 1의 원시 d제곱근을 합한 것(합집합)과 같으면 $x^n - 1 = \prod_{d|n} \Phi_d(x)$가 증명된다.

1의 원시 d제곱근은 $\phi(d)$개가 존재한다. 1의 n제곱근 중에서 1의 원시 d제곱근의 개수를 $|S_d|$라고 하자. 그러면 $|S_d| \leq \phi(d)$가 성립한다.

그런데 $\sum_{d|n} \phi(d)$와 $\sum_{d|n} S(d)$가 모두 n으로 일치한다.

따라서 n의 약수 d에 대하여 $\phi(d)$는 $|S_d|$와 같아야 한다.

즉, 1의 n제곱근 안에는 1의 원시 d제곱근이 모두 있으므로

$x^n - 1 = \prod_{d|n} \Phi_d(x)$가 성립한다.

예를 들어, $x^4 - 1 = (x-1)(x+1)(x-i)(x+i)$인데

1의 원시1제곱근은 1이므로 $\Phi_1(x) = (x-1)$,

1의 원시2제곱근은 -1이므로 $\Phi_2(x) = (x-(-1)) = x+1$,

1의 원시4제곱근은 i, $-i$이므로

$\Phi_4(x) = (x-i)(x-(-i)) = (x-i)(x+i) = x^2+1$이다.

따라서 $x^4 - 1 = (x-1)(x+1)(x^2+1) = \Phi_1(x)\Phi_2(x)\Phi_4(x)$이다.

2.1 연습문제 (4)

$\Phi_7(x)$를 전개하면 다음과 같다.

$$\Phi_7(x) = (x-\alpha)(x-\alpha^2)(x-\alpha^3)(x-\alpha^4)(x-\alpha^5)(x-\alpha^6)$$

$$= x^6 - (\alpha+\alpha^2+\alpha^3+\alpha^4+\alpha^5+\alpha^6)x^5$$

$$+(\alpha^3+\alpha^4+\alpha^5+\alpha^6+\alpha^7+\alpha^5+\alpha^6+\alpha^7+\alpha^8+\alpha^7+\alpha^8+\alpha^9+\alpha^9+\alpha^{10}+\alpha^{11})x^4$$

$$-(\alpha^6+\alpha^7+\ \cdots$$

x^5의 계수는 $-(\alpha+\alpha^2+\alpha^3+\alpha^4+\alpha^5+\alpha^6)$인데, $-(-1)$이 되므로

x^5의 계수는 1이다. x^4의 계수는 $\alpha^7 = 1$의 값을 대입하면,

$\alpha^3+\alpha^4+\alpha^5+\alpha^6+1+\alpha^5+\alpha^6+1+\alpha+1+\alpha+\alpha^2+\alpha^2+\alpha^3+\alpha^4$

$= 2(1+\alpha+\alpha^2+\alpha^3+\alpha^4+\alpha^5)+1 = 1$이므로 x^4의 계수는 1이 된다.

x^3, x^2, x의 계수도 항을 전개해서 모두 계산해보면 1이 된다.

따라서 $\Phi_7(x) = x^6+x^5+x^4+x^3+x^2+x+1$이다.

2.1 연습문제 (5)

$$x^9 - 1 = \Phi_1(x)\Phi_3(x)\Phi_9(x)$$
$$= (x-1)(x^2+x+1)\Phi_9(x)$$
$$= (x^3-1)\Phi_9(x)$$

$\Phi_9(x)$는 x^9-1을 x^3-1로 나누어서 구한다.

$x^9-1=(x^3-1)(x^6+x^3+1)$이므로 $\Phi_9(x)=x^6+x^3+1$이다.

2.1 연습문제 (6)

$$x^{10} - 1 = \Phi_1(x)\Phi_2(x)\Phi_5(x)\Phi_{10}(x)$$
$$= (x-1)(x+1)(x^4+x^3+x^2+x+1)\Phi_{10}(x)$$
$$= (x^6+x^5-x-1)\Phi_{10}(x)$$

$x^{10}-1=(x^6+x^5-x-1)(x^4-x^3+x^2-x+1)$이므로

$\Phi_{10}(x)=x^4-x^3+x^2-x+1$이다.

2.2 연습문제 (1)

정리 4.1.2를 이용한다.

2.2 연습문제 (2)

$J_n(x)=(x-b_1)(x-b_2)\cdots(x-b_t)$인데 $b_1,b_2,\cdots,b_t$는 $(0,\pi)$ 구간에서 cosine함수 값이다. 따라서 $b_1,b_2,\cdots,b_t$는 모두 서로 다르다. 정리 4.1.3을 이용하여 $J_n(x)$는 기약다항식임을 증명한다.

2.2 연습문제 (3)

$\alpha = e^{\frac{2\pi i}{7}}$, $b_1 = \alpha + \alpha^6$, $b_2 = \alpha^2 + \alpha^5$, $b_3 = \alpha^3 + \alpha^4$일 때,

$J_7(x) = (x - b_1)(x - b_2)(x - b_3)$이다.

따라서 $J_7(x) = x^3 - (b_1 + b_2 + b_3)x^2 + (b_1b_2 + b_2b_3 + b_3b_1)x - b_1b_2b_3$

이다.

$b_1 + b_2 + b_3 = \alpha + \alpha^6 + \alpha^2 + \alpha^5 + \alpha^3 + \alpha^4 = -1$

$b_1b_2 + b_2b_3 + b_3b_1 = (\alpha + \alpha^6)(\alpha^2 + \alpha^5) + (\alpha^1 + \alpha^6)(\alpha^3 + \alpha^4) + (\alpha^2 + \alpha^5)(\alpha^3 + \alpha^4)$

$= \alpha^3 + \alpha^6 + \alpha^8 + \alpha^{11} + \alpha^4 + \alpha^5 + \alpha^9 + \alpha^{10} + \alpha^5 + \alpha^6 + \alpha^8 + \alpha^9$

$= \alpha^3 + \alpha^6 + \alpha + \alpha^4 + \alpha^4 + \alpha^5 + \alpha^2 + \alpha^3 + \alpha^5 + \alpha^6 + \alpha + \alpha^2$

$= 2(\alpha + \alpha^2 + \alpha^3 + \alpha^4 + \alpha^5 + \alpha^6) = -2$

$$\begin{aligned} b_1b_2b_3 &= (\alpha + \alpha^6)(\alpha^2 + \alpha^5)(\alpha^3 + \alpha^4) \\ &= (\alpha^3 + \alpha^6 + \alpha^8 + \alpha^{11})(\alpha^3 + \alpha^4) \\ &= (\alpha^3 + \alpha^6 + \alpha + \alpha^4)(\alpha^3 + \alpha^4) \\ &= \alpha^6 + \alpha^9 + \alpha^4 + \alpha^7 + \alpha^7 + \alpha^{10} + \alpha^5 + \alpha^8 \\ &= \alpha^6 + \alpha^2 + \alpha^4 + 1 + 1 + \alpha^3 + \alpha^5 + \alpha \\ &= (1 + \alpha + \alpha^2 + \alpha^3 + \alpha^4 + \alpha^5 + \alpha^6) + 1 = 1 \end{aligned}$$

따라서 $J_7(x) = x^3 + x^2 - 2x + 1$이다.

2.2 연습문제 (4)

$\alpha = e^{\frac{2\pi i}{10}}$, $b_1 = \alpha + \alpha^9$, $b_2 = \alpha^3 + \alpha^7$일 때,

$J_{10}(x) = (x - b_1)(x - b_2) = x^2 + (b_1 + b_2)x + b_1b_2$

$b_1 + b_2 = \alpha + \alpha^9 + \alpha^3 + \alpha^7 = \alpha - \alpha^4 + \alpha^3 - \alpha^2 = 1$

$$b_1 b_2 = (\alpha + \alpha^9)(\alpha^3 + \alpha^7)$$
$$= \alpha^4 + \alpha^8 + \alpha^{12} + \alpha^{16} = \alpha^4 - \alpha^3 + \alpha^2 - \alpha = -1$$

따라서 $J_{10}(x) = x^2 - x - 1$이다.

2.2 연습문제 (5)

$\alpha = e^{\frac{2\pi i}{11}}$, $b_1 = \alpha + \alpha^{10}$, $b_2 = \alpha^2 + \alpha^9$, $b_3 = \alpha^3 + \alpha^8$, $b_4 = \alpha^4 + \alpha^7$,

$b_5 = \alpha^5 + \alpha^6$일 때,

$J_{11}(x) = (x - b_1)(x - b_2)(x - b_3)(x - b_4)(x - b_5)$를 전개하고

b_1, b_2, b_3, b_4, b_5에 위의 값을 대입하면

$J_{11}(x) = x^5 + x^4 - 4x^3 - 3x^2 + 3x + 1$을 얻는다.

2.3 연습문제 (1)

2.2 연습문제(3)의 풀이를 참고한다.

2.3 연습문제 (2)

2.2 연습문제(4)의 풀이를 참고한다.

2.4 연습문제 (1)

$$x^9 - 1 = \prod_{d|n} \Phi_d(x)$$
$$= \Phi_1(x)\Phi_3(x)\Phi_9(x)$$
$$= (x-1)(x^2+x+1)\Phi_9(x)$$
$$= (x^3-1)\Phi_9(x)$$

따라서, $\Phi_9(x)$는 $x^9 - 1$을 $x^3 - 1$로 나누어서 구할 수 있다.

3.1 연습문제 (1)

① $\mathbb{Z}_{pq}^*$는 $\mathbb{Z}_p^* \times \mathbb{Z}_q^*$와 동형이다.

$\left|\mathbb{Z}_p^*\right| = p-1$, $\left|\mathbb{Z}_q^*\right| = q-1$ 인데

$p-1$과 $q-1$은 서로소가 아니므로, $\mathbb{Z}_{pq}^*$는 순환군이 아니다.

② $n = 2^k\ (k \geq 3)$일 때,

$\mathbb{Z}_n^* \cong C_2 \times C_{\frac{\phi(n)}{2}}$ 이고, $U(n)$은 $C_{\frac{\phi(n)}{2}}$와 동형이다.

$C_{\frac{\phi(n)}{2}}$ 는 5로 생성된다.

③ $n = p^k$ 일 때, $|U(n)| = p^{k-1}$이다. (단, $p \geq 3$인 소수)

$U(n)$에서 $1+p$의 위수가 p^{k-1}이므로, $U(n)$은 $1+p$로 생성되는 순환군이다.

④ $n = 2^k\ (k \geq 3)$일 때,

$U(n)$은 $5 = 1+v = 1+4$에 의하여 생성되는 순환군이다.

$n = p^k$ (단, $p \geq 3$인 소수)인 경우는 ③에 의하여 성립한다.

3.1 연습문제 (2)

$\mathbb{Z}_{16}^* = \{1, 15\} \times \{1, 5, 9, 13\}$ 위에서 $U(n) = \{1, 5, 9, 13\}$이고, 또한

$\mathbb{Z}_{16}^* = \{1, -1\} \times \{1, 5, 9, 13\}$

$= \{1, 5, 9, 13, -1, -5, -9, -13\}$

$= \{1, 5, 9, 13, 15, 11, 7, 3\}$

으로 표현된다.

3.1 연습문제 (3)

$n = 32$일 때, $V = 4$이다.

$$\mathbb{Z}^*_{32} = \{1, 31\} \times \{1, 5, 9, 13, 17, 21, 25, 29\}$$

3.1 연습문제 (4)

$n = 25$일 때, $V = 5$이다.

$$\mathbb{Z}^*_{25} = \{1, 7, 24, 18\} \times \{1, 6, 11, 16, 21\}$$

3.1 연습문제 (5)

$n = 48$일 때, $V = 12$이다.

$$\mathbb{Z}^*_{48} = \{1, 5, 25, 29\} \times \{1, 13, 25, 37\}$$

3.1 연습문제 (6)

$n = 105$일 때, $V = 3 \times 5 \times 7 = 105$이다.

따라서 $U(n) = \{1\}$이고 $\mathbb{Z}^*_{105} = \mathbb{Z}^*_{105} \times \{1\}$이다.

4.2 연습문제 (1)

① $n = 63$일 때, $V = 21$이고 $U(n) = \{1, 22, 43\}$이다.

$H \cap U(n) = \{1\}$의 조건을 만족시키는 부분군 H는 다음과 같이 여러 개 존재한다.

$H = \{1, 62\}$

$H = \{1, 2, 4, 8, 16, 32\}$

$H = \{1, 4, 16\}$

$H = \{1, 5, 25, 62, 58, 38\}$

$H=\{1,8\}$

$H=\{1,10,37,55,46,19\}$

$H=\{1,11,58,8,25,23\}$

$\vdots$

② $n=99$일 때, $V=33$이고

$U(n)=\{1,34,67\}$이다.

$H=\{1,89\}$를 선택할 수 있다.

③ $n=135$일 때, $V=15$이고

$U(n)=\{1,16,31,46,61,76,91,106,121\}$이다.

$H=\{1,134\}$를 선택할 수 있다.

4.2 연습문제 (2)

조건을 만족시키는 부분군 H를 일부 예시한다.

① $n=27$일 때, $V=3$이고

$U(n)=\{1,4,7,10,13,16,19,22,25\}$이다.

$H\cap U(n)=\{1\}$의 조건을 만족시키는 H로 $H=\{1,26\}$을 선택할 수 있다.

② $n=49$일 때, $V=7$이고

$U(n)=\{1,8,15,22,29,36,43\}$이다.

$H\cap U(n)=\{1\}$의 조건을 만족시키는 H로 $H=\{1,30,18\}$을 선택할 수 있다.

$H=\{1,48\}$도 가능하다.

③ $n=121$일 때, $V=11$이고

$U(n)=\{1,12,23,34,45,56,67,78,89,100,111\}$이다.

$H=\{1,94,3,40,9,120,27,86,81,112\}$를 선택할 수 있다.

$H = \{1, 3, 9, 27, 81\}$과 $H = \{1, 120\}$도 가능하다.

4.2 연습문제 (3)

① $n = 8$인 경우, $V = 4$이다.

$U(8) = \{1, 15\}$이다.

$U(n) \cap H = \{1\}$의 조건을 만족시키는 부분군은

$H = \{1, 7\}$, $H = \{1, 3\}$ 등이 있다.

② $n = 16$인 경우, $V = 4$이다.

$U(16) = \{1, 5, 9, 13\}$이다.

$U(n) \cap H = \{1\}$의 조건을 만족시키는 부분군은

$H = \{1, 15\}$,

$H = \{1, 7\}$ 등이 있다.

③ $n = 32$인 경우, $V = 4$이다.

$U(32) = \{1, 5, 9, 13, 17, 21, 25, 29\}$이다.

$U(n) \cap H = \{1\}$의 조건을 만족시키는 부분군은

$H = \{1, 15\}$,

$H = \{1, 31\}$ 등이 있다.

4.2 연습문제 (4)

① $n = 99$일 때, $V = 33$, $m = 9$, $p^{\alpha} = 11$이다.

$U(n) = \{1, 34, 67\}$이다.

$H = \{1, 10\}$일 때, $K = \{1\}$이다.

$H = \{1, 89\}$를 선택하면, $K = \{1, 89\}$이다.

② $n = 135$일 때, $V = 15$, $m = 27$, $p^{\alpha} = 5$이다.

$U(n) = \{1, 16, 31, 46, 61, 76, 91, 106, 121\}$이다.

$H = \{1, 134\}$일 때, $K = \{1\}$이다.

③ $n = 63$일 때, $V = 21$, $m = 9$, $p^{\alpha} = 7$이다.

$U(n) = \{1, 22, 43\}$이다.

$H = \{1, 2, 4, 8, 16, 32\}$일 때, $K = \{1, 8\}$이다.

④ $n = 75$일 때, $V = 15$, $m = 3$, $p^{\alpha} = 25$이다.

$U(n) = \{1, 16, 31, 46, 61\}$이다.

$H = \{1, 7, 49, 43\}$일 때, $K = \{1\}$이다.

⑤ $n = 100$일 때, $V = 10$, $m = 4$, $p^{\alpha} = 25$이다.

$U(n) = \{1, 11, 21, 31, 41, 51, 61, 71, 81, 91\}$이다.

$H = \{1, 43, 49, 7\}$일 때, $K = \{1\}$이다.

4.2 연습문제 (5)

① $n = 126$일 때, $V = 42$, $m = 18$, $p^{\alpha} = 7$이다.

$U(n) = \{1, 43, 85\}$이다.

$H = \{1, 11, 121, 71, 25, 23\}$일 때, $K = \{1, 71\}$이다.

② $n = 56$일 때, $V = 14$, $m = 8$, $p^{\alpha} = 7$이다.

$U(n) = \{1, 15, 29, 43\}$이다.

$H = \{1, 11, 9, 43, 25, 51\}$일 때, $K = \{1, 43\}$이다.

③ $n = 80$일 때, $V = 20$, $m = 16$, $p^{\alpha} = 5$이다.

$U(n) = \{1, 21, 41, 61\}$이다.

$H = \{1, 19, 41, 59\}$일 때, $K = \{1, 41\}$이다.

④ $n = 99$일 때, $V = 33$, $m = 9$, $p^{\alpha} = 11$이다.

$U(n) = \{1, 34, 67\}$ 이다.

$H = \{1, 23, 34, 89, 67, 56\}$ 일 때, $K = \{1, , 34, 89, 67, 56\}$ 이다.

4.2 연습문제 (6)

$q_1 = 8$, $q_2 = 7$ 이므로 $xq_1 + yq_2 = 1$ 에서 $x = 1$, $y = -1$ 을 얻는다.

아래 식에서 $\zeta = \zeta_{56} = e^{\frac{2\pi}{56}i}$ 이다.

$$
\begin{aligned}
0 &= c_1\zeta^{(xq_1+yq_2)} + c_2\zeta^{9(xq_1+yq_2)} + c_3\zeta^{43(xq_1+yq_2)} \\
&\quad + c_4\zeta^{25(xq_1+yq_2)} + c_5\zeta^{51(xq_1+yq_2)} + c_6\zeta^{11(xq_1+yq_2)} \\
&= c_1\zeta_{q_2}^{x}\zeta_{q_1}^{y} + c_2\zeta_{q_2}^{9x}\zeta_{q_1}^{9y} + c_3\zeta_{q_2}^{43x}\zeta_{q_1}^{43y} + c_4\zeta_{q_2}^{25x}\zeta_{q_1}^{25y} + c_5\zeta_{q_2}^{51x}\zeta_{q_1}^{51y} + c_6\zeta_{q_2}^{11x}\zeta_{q_1}^{11y} \\
&= c_1\zeta_7\zeta_8^{-1} + c_2\zeta_7^{9}\zeta_8^{-9} + c_3\zeta_7^{43}\zeta_8^{-43} + c_4\zeta_7^{25}\zeta_8^{-25} + c_5\zeta_7^{51}\zeta_8^{-51} + c_6\zeta_7^{11}\zeta_8^{-11} \\
&= c_1\zeta_7\zeta_8^{7} + c_2\zeta_7^{2}\zeta_8^{7} + c_3\zeta_7\zeta_8^{5} + c_4\zeta_7^{4}\zeta_8^{7} + c_5\zeta_7^{2}\zeta_8^{5} + c_6\zeta_7^{4}\zeta_8^{5} \\
&= (c_1\zeta_8^{7} + c_3\zeta_8^{5})\zeta_7 + (c_2\zeta_8^{7} + c_5\zeta_8^{5})\zeta_7^{2} + (c_4\zeta_8^{7} + c_6\zeta_8^{5})\zeta_7^{4}
\end{aligned}
$$

4.3 연습문제 (1)

① $H = \{1, 6\} \rightarrow \alpha + \alpha^6 \neq 0 \rightarrow M = H = \{1,6\}$

$H = \{1, 2, 4\} \rightarrow \alpha + \alpha^2 + \alpha^4 \neq 0 \rightarrow M = H = \{1,2,4\}$

② $H = \{1, 3\} \rightarrow \alpha + \alpha^3 \neq 0 \rightarrow M = H = \{1,3\}$

$H = \{1, 7\} \rightarrow \alpha + \alpha^7 \neq 0 \rightarrow M = H = \{1,7\}$

$H = \{1, 5\} \rightarrow \alpha + \alpha^5 = 0 \rightarrow M = \mathbb{Z}_8^* = \{1,3,5,7\}$

③ $H = \{1, 8\} \rightarrow \alpha + \alpha^8 \neq 0 \rightarrow M = H = \{1,8\}$

$H = \{1, 4, 7\} \rightarrow \alpha + \alpha^4 + \alpha^7 = 0 \rightarrow M = \mathbb{Z}_9^* = \{1,2,4,5,7,8\}$

④ $H = \{1, 9\} \rightarrow \alpha + \alpha^9 \neq 0 \rightarrow M = H = \{1,9\}$

부록1 연습문제 (1)

다항식의 차수에 대한 수학적 귀납법으로 증명한다.

i) $n=1$ 인 경우 (즉, 1차 다항식인 경우)

$f(x)=ax+b=0$ 에서 $a\neq 0$이므로 a^{-1}가 F에 존재한다. 그리고 $x=-a^{-1}b$가 $f(x)$의 해이다. 따라서 $f(x)$는 1개의 해를 갖는다.

ii) $n=k$ 인 경우 (즉, k차 다항식인 경우)

$f(x)$는 k개 이하의 해를 갖는다고 가정하자.

iii) $n=k+1$인 경우 (즉, $(k+1)$차 다항식인 경우)

만약 $f(x)$의 해가 없으면 0이 $k+1$이하이므로 성립한다.

만약 $x=a$가 $f(x)$의 해라고 하면,

인수정리에 의하여 $f(x)=(x-a)g(x)$로 쓸 수 있다.

$g(x)$의 차수는 k이므로 $g(x)$의 해는 k개 이하이다.

$f(x)$의 해는 $x=a$ 또는 $g(x)$의 해이므로,

$f(x)$의 해는 $k+1$개 이하이다.

부록1 연습문제 (2)

1의 n제곱근은 $f(x)=x^n-1$의 해이다.

연습문제(1)에 의하여 $f(x)$의 해는 n개 이하이다.

$\alpha=e^{\frac{2\pi}{n}i}$ 일 때, $\alpha^1, \alpha^2, \cdots, \alpha^n$ 은 모두 $f(x)$의 해이다.

부록1 연습문제 (3)

실수체 위의 다항식 $f(x)=x^3-1$은 3개의 해를 복소수체 $\mathbb{C}$ 안에서 갖는다. 그러나 실수인 해는 1, 한 개 뿐이다.

부록1 연습문제 (4)

$f(x) = x^2 - 1 \in \mathbb{Z}_8[x]$는 4개의 해를 갖는다. $\mathbb{Z}_8$에서 $1, 3, 5, 7$ 이 모두 1의 제곱근이다.

부록1 연습문제 (5)

① $\frac{2}{3}$가 정수($\mathbb{Z}$)의 원소가 아니므로, 이 나눗셈은 $\mathbb{Z}[x]$에서 불가능하다.

② 4의 곱셈에 대한 역원이 $\mathbb{Z}_8$에 없다. 따라서 이 나눗셈은 $\mathbb{Z}_8[x]$에서 불가능하다.

③ $2x^2 + 3 = (x+2)(2x-4) + 11$ 이므로 몫이 $(2x-4)$이고, 나머지는 11이다.

④ $\mathbb{Z}_8[x]$에서 $21x^2 = 5x^2$이고, $-2 = +6$ 이다.

따라서 $5x^2 + x + 2 = (3x+1)(7x-2) + 4 = (3x+1)(7x+6) + 4$ 이므로 몫이 $(7x+6)$이고, 나머지는 4 이다.

그림으로 이해하는 **원분다항식**

초판발행 2023년 1월 3일

지은이 이기석 · 신정은 · 이지은
펴낸이 오판근
펴낸곳 (주) 교우
주 소 서울시 동대문구 약령시로 8 교우빌딩 2층 (주)교우
전 화 02-925-2861 / **팩 스** 02-925-2860. **편집부** 02-925-2825
홈페이지&북스토어 www.kyowoo.co.kr / **이메일** kyowoo@kyowoo.co.kr

등 록 1994년 3월 24일 제1994-000013호
ISBN 979-11-251-0364-6 (93410)

Published by Kyowoo Co., Ltd. Printed in Korea

(주) 교우는 보다 혁신적이고 참신한 도서를 다양하게 기획하고 있습니다.
책으로 펴내고자 하는 아이디어나 원고는 메일로 보내주세요.
(주) 교우는 전과정을 책임지고 최선을 다하겠습니다.

값 15,000원

교우미디어는 (주) 교우의 Imprint 사입니다.
수학정원·과학정원은 (주) 교우의 새로운 브랜드명입니다.

잘못된 책은 구입하신 서점에서 교환해 드립니다.